U0170701

数字孪生的伦理规制研究

Research on the Ethical Regulation of Digital Twin

刁生富 等 著

中山大學出版社
SUN YAT-SEN UNIVERSITY PRESS
·广州·

图书在版编目（CIP）数据

数字孪生的伦理规制研究 / 刁生富等著 . —广州：中山大学出版社，2023.9

ISBN 978-7-306-07884-1

Ⅰ. ①数… Ⅱ. ①刁… Ⅲ. ①数字技术—伦理学—研究 Ⅳ. ①TP3-05

中国国家版本馆 CIP 数据核字（2023）第 154808 号

SHUZI LUANSHENG DE LUNLI GUIZHI YANJIU

出 版 人：王天琪
策划编辑：杨文泉
责任编辑：周　玢
封面设计：曾　斌
责任校对：王　璞
责任技编：靳晓虹
出版发行：中山大学出版社
电　　话：编辑部 020-84110283，84113349，84111997，84110779，84110776
　　　　　发行部 020-84111998，84111981，84111160
地　　址：广州市新港西路 135 号
邮　　编：510275　　　　传　真：020-84036565
网　　址：http://www.zsup.com.cn　　E-mail：zdcbs@ mail.sysu.edu.cn
印 刷 者：广东虎彩云印刷有限公司
规　　格：787mm×1092mm　1/16　16.75 印张　249 千字
版次印次：2023 年 9 月第 1 版　2023 年 9 月第 1 次印刷
定　　价：45.00 元

前 言

　　近年来，随着建模仿真、物联网、大数据、云计算、区块链、人工智能和 5G（第五代移动通信技术）通信等技术的快速发展，作为新一代信息技术集大成者的数字孪生技术越来越展现出蓬勃的生机和巨大的应用价值。数字孪生（digital twin）是指基于现实世界中的物理实体，在数字化空间中构建其完整映射状态下的全生命周期的虚拟模型，通过集成多学科、多物理性、多尺度的仿真过程，有效实现物理实体与虚拟模型之间的交互反馈与虚实融合，从而达到以虚控实，优化现实物理世界的目的。数字孪生具有更加真实的"仿真性"、实现了真正的"虚实融合"和显著的"迭代优化性"等特征，并在遵循"模型+数据"双驱动运行原理的基础上，日益成为提高质量、增加效率、降低成本、减少损失、保障安全、节能减排的关键技术。

　　在智能社会快速到来的场域下，数字孪生技术逐渐在智能制造、智慧城市、智慧医疗、智慧教育等许多领域中焕发出强大的应用潜力，展现出巨大的应用价值，成为当下及未来科学决策和工程实践的重要依据，将给人类社会带来深刻的变革。

　　当然，任何技术都具有两面性，数字孪生在为社会带来技术革新和促进人类生活幸福的同时，也引发了一系列新的伦理问题。为了推动数字孪生技术在更广泛的领域中更好地落地应用，亟须对其引发的伦理问题进行深入研究，并提出相应的规制路径。本书在对数字孪生从技术层（概念特征、技术架构、应用价值）和认知层（认知演变、认知本质、认知价值）进行梳理的基础上，聚焦于"数字孪生技术本身"和"数字孪生技术应用"两个视角，对其引发的数字孪生伦理问题进行了探讨。数字孪生伦理不仅具有技术黑箱性、交互融合性、系统复杂性、伦理滞后性，更具有个体影响性、社会影响性、环境影响性、整体影响性等特征，这使得其伦理问题的呈现具有自身显著的特征。

在"数字孪生技术本身"视角下的数字孪生伦理问题，主要有数字孪生算法黑箱伦理（第三章）、数字孪生算法权力异化伦理（第四章）、数字孪生算法风险伦理（第五章）、数字孪生算法素养伦理（第六章）以及数字孪生的孪生数据伦理（第七章）等内容；而在"数字孪生技术应用"视角下的数字孪生伦理问题，主要有数字孪生人（第八章）、数字孪生工程（第九章）、数字孪生医疗（第十章）等内容。当数字孪生技术的发展符合伦理规范，实现向善发展、负责任创新时，便能够实现对数字孪生技术发展过程中负面影响的合理控制，进而促进数字孪生技术与社会之间关系的和谐发展，推动数字孪生技术成果造福于人类社会。因此，对数字孪生的伦理问题进行规制十分必要，本书将重点围绕数字孪生技术和应用两大视角下的伦理问题展开规制研究。

本书是教学相长的产物。我指导的两位优秀研究生李思琦、刘杰在两年多的时间里与我进行了广泛的线上线下讨论，并承担了大量的资料收集和初稿写作工作。师生携手努力、互学共进，留下了许多美好的记忆。

在本书的写作过程中，我们参考了大量的国内外文献，在此特向有关研究者和作者致以最真诚的感谢。另外，北京大学的刘玉峰老师、北京劳动保障职业学院的刁宏宇老师也参加了本书的部分研究，中山大学出版社的杨文泉编辑、周玢编辑为本书的出版付出了辛勤劳动，佛山科学技术学院学术著作出版基金为本书的出版提供了部分资助，在此也一并致以最真诚的感谢。对书中存在的不足之处，敬请读者批评指正。

刁生富

2023 年 4 月 18 日

目录

第一部分

数字孪生技术与伦理的研究

第一章 / 数字孪生的技术与应用价值

    一、 数字孪生的概念与特征 ················· 003

    二、 数字孪生的技术架构 ················· 013

    三、 数字孪生的应用价值 ················· 038

第二章 / 数字孪生的认知与伦理研究

    一、 数字孪生的认知研究 ················· 050

    二、 数字孪生的伦理研究 ················· 069

    三、 本书章节的内容介绍 ················· 078

第二部分

数字孪生的算法与数据伦理

第三章／数字孪生的算法黑箱与伦理规制
一、 数字孪生算法黑箱的生成机制 …………………… 099
二、 数字孪生算法黑箱的成因分析 …………………… 106
三、 数字孪生算法黑箱的治理路径 …………………… 111

第四章／数字孪生的算法权力异化与伦理规制
一、 数字孪生算法权力的相关概述 …………………… 118
二、 数字孪生算法权力异化下的人类生存之象 ……… 124
三、 破解数字孪生算法权力异化的伦理规制 ………… 129

第五章／数字孪生的算法风险与伦理规制
一、 数字孪生与数字孪生算法 ………………………… 136
二、 数字孪生的算法风险的表现 ……………………… 138
三、 数字孪生的算法风险的伦理规制原则 …………… 143
四、 数字孪生的算法风险的伦理规制路径 …………… 144

第六章／数字孪生的算法素养与伦理规制
一、 数字孪生算法社会的特征分析 …………………… 154
二、 数字孪生算法社会对人类发展的重塑 …………… 156
三、 数字孪生算法素养及伦理问题 …………………… 159

第七章 / 数字孪生的孪生数据与伦理规制

一、 集成式的数字孪生与孪生数据 ······················ 170

二、 数字孪生空间中孪生数据伦理的问题表征 ········ 172

三、 构筑数字孪生空间中孪生数据伦理的新秩序 ······ 179

第三部分

数字孪生的应用伦理及规制

第八章 / 数字孪生人的认知弥补与伦理规制

一、 后人类中的新生命形式 ····························· 187

二、 数字孪生人弥补人自我认知的局限 ··············· 190

三、 数字孪生人的伦理隐忧 ····························· 193

四、 数字孪生人的伦理规制 ····························· 197

第九章 / 数字孪生工程的独特价值与伦理反思

一、 数字孪生工程的独特之处 ·························· 205

二、 数字孪生工程的价值分析 ·························· 207

三、 数字孪生工程的问题表征 ·························· 211

四、 数字孪生工程的问题应对 ·························· 214

五、 数字孪生工程的伦理反思 ·························· 217

第十章 / 数字孪生医疗的模型建构与伦理规制

一、 数字孪生医疗模型的构建与应用 ················· 222

二、 基于模型的数字孪生医疗伦理问题表征 ·········· 228

三、 基于模型的数字孪生医疗伦理问题应对 ………… 235

主要参考文献 ……………………………………………… 242

第一部分

数字孪生技术与伦理的研究

第一章

数字孪生的技术与应用价值

数字孪生是近年来从概念提出到实践应用快速发展的新兴信息技术，当前学术界和产业界对数字孪生概念的界定并没有达成统一的共识，大致可以从研究学者、研究机构、相关企业三方面视角进行理解。数字孪生具有更加真实的"仿真性"、实现了真正的"虚实融合"和显著的"迭代优化性"等特征，并在建模仿真、3R（VR、AR、MR，分别指虚拟现实、增强现实、混合现实）可视化、物联网、大数据、云雾边缘计算、区块链、人工智能、5G 通信等技术的助力下，实现了"模型+数据"双驱动的运行。在"中国制造 2025"和"互联网 +"的战略引领下，数字孪生技术在智能制造、智慧城市、智能医疗、智慧教育等许多领域中焕发出了强大的应用潜力，展现出了巨大的应用价值。

数字孪生是指基于现实世界中的物理实体，在数字化空间中构建其完整映射状态下的全生命周期的虚拟模型，通过集成多学科、多物理性、多尺度的仿真过程，有效实现物理实体与虚拟模型之间的交互反馈与虚实融合，从而达到以虚控实，优化现实物理世界的目的。作为新一代信息技术的代表性产物，数字孪生集成与融合了互联网、大数据、人工智能、物联网、可视化技术等多种新兴技术，逐渐成为当下及未来科学决策和工程实践的重要依据，并深刻地影响人们的生产和生活。对数字孪生的概念特征、技术架构及应用价值进行梳理分析，有助于进一步加深对数字孪生的认识，推动数字孪生的落地应用。

一、数字孪生的概念与特征

（一）数字孪生的概念

当前，学界和产业界对于"数字孪生"这一概念并没有形成具有统一共识的定义，数字孪生概念及其相关技术还在探索、发展和演变中。本书从研究学者、研究机构、相关企业等视角出发，对数字孪生的概念定义进行了梳理，具体如表1-1所示，以帮助读者更好地理解数字孪生的概念。

表1-1　不同主体对数字孪生概念的理解

不同主体	具体主体	对数字孪生概念的理解
研究学者	迈克尔·格里夫斯（Michael Grieves）	指与物理产品等价的虚拟数字化表达，并提出数字孪生三维结构（聚焦于生命周期的映射与交互）
	帕梅拉·科布伦（Pamela Kobryn）	基于现有关于系统和运行的知识对特定产品或系统未来性能的模拟（关注于模拟仿真预测等功能）
	陶飞	是一种能够实现物理世界与信息世界交互与融合的技术手段，提出数字孪生五维模型（实现虚实融合和以虚控实）
	李培根	指物理生命体在孕育、服役等全生命周期内的数字化描述（关注从创新概念开始到真正产品的实现过程）
	赵敏、宁振波	数字孪生模型与物理实体只是相像，而不可能相等，且二者之间存在多元化映射关系（聚焦虚实间的关系）

续表1-1

不同主体	具体主体	对数字孪生概念的理解
研究机构	NASA（美国国家航空航天局）	充分利用数据进行仿真模拟，在虚拟空间中完成对物理实体的映射，从而反映物理实体的全生命周期过程
	Gartner（高德纳）	实物或系统的动态软件模型—现实生活中物体流程或系统的数字镜像—现实世界实物或系统的数字化表达
	CCID（中国电子信息产业发展研究院）	综合运用信息技术，对物理空间进行描述诊断决策，以实现物理空间在赛博空间交互映射的通用使能技术
研究机构	CIMdata（美国制造业信息咨询公司）	数字孪生模型不能单独存在，且与其对应的物理实体必须有某种形式的数据交互
相关企业	Siemens（西门子）	物理产品或流程的虚拟表示，用于理解和预测物理对象或产品的性能特征
	SAP（思爱普）	物理对象或系统的虚拟表示，使用数据、机器学习和物联网来帮助企业优化、创新和提供新服务
	GE Digital（GE 数字集团）	资产和流程的软件表示，用于理解、预测和优化绩效以改善业务成果，由数据模型、算法、知识构成
	PTC（美国参数技术公司）	翻译为数字映射，并认为数字孪生技术的应用正在成为企业从数字化转型举措中获益的最佳途径

国外学者迈克尔·格里夫斯教授认为，数字孪生是指"与物理产品等价的虚拟数字化表达"，它可以从微观原子级别到宏观几何级别全面描述潜在的物理产品，并以此为基础进行真实条件或模拟条件下的测试。数字孪生包括三个主要部分：①物理实体，即实体空间中的物理产品；②虚拟实体，即虚拟空间中的虚拟产品；③二者间的连接，就是将虚拟产品和物理产品联系在一起的数据和信息的连接。[①] 任职于美国空军研究实验室的科学家帕梅拉·科布伦在其撰写的《数字孪生概念》（"The Digital Twin Concept"）一文中给出了数字孪生的定义，即数字孪生概念包含基于现有

---

① M. Grieves. "Digital Twin：Manufacturing Excellence Through Virtual Factory Replication"，*White Paper*，2014，1（2014）：1-7.

关于系统和运行的知识对特定产品或系统未来性能的模拟。①

北京航空航天大学的陶飞教授认为，数字孪生是一种集成多物理、多尺度、多学科属性，具有实时同步、忠实映射、高保真度特性，能够实现物理世界与信息世界交互与融合的技术手段。陶飞教授团队在格里夫斯教授"数字孪生三维结构"的基础上发展出了"数字孪生五维模型"，即包括物理实体、虚拟模型、服务系统、孪生数据（twin data）和连接的一种模型，并对其组成框架和应用准则进行了研究。② 中国工程院院士李培根认为，数字孪生是对"物理生命体"在全生命周期内的数字化描述，其将"物理生命体"分为孕育过程、服役过程，数字孪生是支撑物理生命体从创新概念开始到真正产品应用全过程的技术展现。此外，赵敏和宁振波在所撰写的《铸魂：软件定义制造》一书中指出，数字孪生是实践先行、概念后成。数字孪生模型可以与实物模型高度相像，而不可能相等。数字孪生模型和实物模型也不是一个简单的一对一的对应关系，而可能存在一对多、多对一、多对多，甚至一对少、一对零和零对一等多种对应关系。③

NASA 是最早对数字孪生概念进行界定的机构，其认为数字孪生指的是充分利用物理模型、传感器更新、运行历史等数据，集成多学科、多物理量、多尺度、概率的仿真过程，在虚拟空间中完成对物理实体的映射，从而反映物理实体的全生命周期过程。④ 美国知名咨询及分析机构 Gartner 连续 3 年将数字孪生技术列为十大新兴技术，其对数字孪生的理解也在不断深化。2017 年，Gartner 认为数字孪生是实物或系统的动态软件模型；

---

① 参见胡权《数字孪生体：第四次工业革命的通用目的技术》，人民邮电出版社 2021 年版，第 9—13 页。

② 参见陶飞、刘蔚然、刘检华等《数字孪生及其应用探索》，载《计算机集成制造系统》2018 年第 1 期，第 1—18 页。

③ 参见赵敏《探求数字孪生的根源与深入应用》，载《软件和集成电路》2018 年第 9 期，第 50—58 页。

④ E. Glaessgen, D. Stargel. "The Digital Twin Paradigm for Future NASA and U. S. Air Force Vehicles", Proceedings of the 53rd Structures Dynamics and Materials Conference. Special Session on the Digital Twin. Reston：AIAA, 2012：1—14.

2018 年，其认为数字孪生是现实世界实物或系统的数字化表达；2019 年，其认为数字孪生是现实生活中物体、流程或系统的数字镜像。中国电子信息产业发展研究院在《数字孪生白皮书（2019）》中将数字孪生定义为实现物理空间在赛博空间交互映射的通用使能技术，并进一步将其解释为综合运用感知、计算、建模等信息技术，通过软件定义，对物理空间进行描述、诊断、决策，进而实现物理空间与赛博空间交互映射的技术。此外，全球著名 PLM（产品全生命周期管理）研究机构 CIMdata 认为，数字孪生模型不能单独存在，而且与其对应的物理实体必须有某种形式的数据交互。这一观点与国内安世亚太公司提出的"数字孪生是一个有生命的共同体"的论断不谋而合。

站在相关企业的视角来定义数字孪生，尤其是对工业企业而言，其往往是被界定为应用于产品的工程设计、运营和服务，促进企业数字化转型，能够为企业带来商业价值的一种技术手段。具体来看，德国公司 Siemens 认为，数字孪生是物理产品或流程的虚拟表示，用于理解和预测物理对象或产品的性能特征。数字孪生技术可被应用在产品的整个生命周期，从而在物理原型形成和资产投资之前模拟、预测、优化产品和生产系统。德国公司 SAP 认为，数字孪生是物理对象或系统的虚拟表示，但其功能不只是实现可视化。数字孪生能够使用数据、机器学习和物联网来帮助企业优化、创新和提供新服务。美国公司 GE Digital 认为，数字孪生是资产和流程的软件表示，可用于理解、预测和优化绩效以改善业务成果。其界定的数字孪生的三部分组成不同于格里夫斯教授所提出的物理实体、虚拟实体及二者间的连接的三维结构，而是由数据模型、一组分析工具或算法，以及知识这三部分构成。此外，美国公司 PTC 将"数字孪生"翻译为"数字映射"，并认为数字孪生技术的应用正在成为企业从数字化转型举措中获益的最佳途径。

对上述研究学者、研究机构和相关企业等从不同视角理解的数字孪生概念进行梳理，我们可以发现，研究学者常将数字孪生关注点聚焦于其通过数据连接与模拟仿真来实现物理世界与信息世界的交互与融合；研究机构更倾向于将其界定为一项通用使能技术，认为其能够实现物理空间与赛博空间的交互映射，从而反映物理实体的全生命周期过程；而相关企业则站在数字化转型的风口上，将数字孪生技术应用于产品的设计研发和生产制造的全过程，从而促使企业提升经济效益。总的来说，虽然这三方对数字孪生的理解各有侧重点，但我们仍可总结出数字孪生的几个关键词，即数据、模型、映射、交互、算法、预测、全生命周期等。数字孪生可以被概括为：以模型和数据为基础，通过多学科耦合仿真等方法，完成现实世界中的物理实体到虚拟世界中的镜像数字化模型的精准映射，并充分利用两者的双向交互反馈、迭代运行，以达到物理实体状态在数字空间的同步呈现，还通过镜像化数字化模型的诊断、分析和预测来优化实体对象在其全生命周期中的决策、控制行为，最终实现实体与数字模型的共享智慧与协同发展。

（二）数字孪生的特征

从上述各方对数字孪生概念的界定可以看出，模型、数据、虚实、交互、分析、预测等关键词总是萦绕在数字孪生的周围，又或者说，数字孪生本身就涵盖了它们，从而使数字孪生具有那些显著的特征。本书将从以下三个方面对其特征进行解析。

1. 数字孪生具有更加真实的"仿真性"

我们通常所说的构建数字孪生，指的是建立一个数字孪生模型，而模型的构建可分为实体模型、数字化模型以及数字孪生模型的构建三种。于是，我们可以运用比较研究的方法对"数字孪生具有更加真实的'仿真性'"这一特征进行分析。评价一种模型是否成功的重要标准是模型与原型在结构和功能上是否具有足够的相似性。[1]

----

① 参见胡小安《虚拟技术与主客体认识关系的丰富》，载《科学技术与辩证法》2005年第1期，第83-86、97页。

我们最熟悉的模型莫过于以实物形式展开的实物模型。例如，人类早在青铜时代就开始采用模型来制造物品，首先制作出模具，然后在此基础上浇铸铜液，凝固冷却后就得到青铜铸器。直到今天，工业等领域仍然会使用模具来进行批量的生产制造。实物模型还包括建筑领域的微缩模型，人们在建筑初期，先将设计方案制成微缩的立体模型，从而提前了解建筑效果，以此指导实际建造过程的开展。还有一类实物模型，如著名的秦始皇陵兵马俑，用外观鲜活逼真的兵俑代替活人进行陪葬。综观以上实物模型的展开方式，无论是模具、微缩模型还是兵马俑，都能够从外观形象、内部结构、功能作用等方面对目标原型进行一定程度的再现，从而实现辅助生产制造和替代原型发挥作用的功能。但是这些模型的一个共同特征在于，它们都是对原型系统的静态再现。然而，从模型作为对原型的一种模仿以便增加我们对世界的理解的角度上来看，我们建立模型的初衷并不总是要对静态事物进行模仿，还包括对所要认识事物的变化的动态再现，因为世界是一个随时间更迭而动态变化的世界。此外，上述实物模型的另一个局限在于，它们对于大场景的、内部结构复杂的物理对象难以进行完整的刻画，而且，通常建立实物模型的初衷就是要对物理原型进行一定程度的简化，以便更便捷地满足目标需求。

随着计算机与网络通信等技术的普及与应用，在人们不断地进行认识与探索的过程中，一种基于物理对象的"数字化模型"应需而生。人们可以利用数字化技术突破时空局限，从而解决上述实物模型难以实现的动态再现和复杂场景刻画等问题。例如，在建筑领域利用 3D（三维）建模手段，可以将纸质设计稿纸与计算机平面二维图形在数字化空间中转换生成动态的三维建筑模型，从而能够以更直观、更清晰的方式对建造过程进行动态的监测与反馈。再如，利用计算机图形学技术与 VR、AR 等技术，已经可以突破空间的限制，在虚拟世界中创建圆明园的数字化模型，从而再现圆明园的历史样貌。尽管数字化模型已经达到了实物模型难以企及的程度，但其本身相对于人们的实际需求而言仍有一定距离。数字化模型不仅在对物理对象多维多时空尺度的刻画上进行得不够充分，而且其运行过程相对独立，缺乏与物理对象的动态交互，也无法实现同物理对象在全生命周期内的同生共长。于是发展到今天，"数字孪生模型"出现了。数字孪生模型的构建，集成与融合了几何模型、物理模型、行为模型及规则模型这四层模型，具有高精度、高可靠、高保真的特征，[①] 它是物理实体最"忠实"的数字化"镜像"。成熟的数字孪生模型，不仅能够从几何、物理、行为和规则等维度对物理原型进行多维多时空尺度的刻画与描述，而且还能基于算法和数据双驱动实现与物理原型之间的动态交互与虚实融合，更能够在物理原型的全生命周期内对其动态变化的数据进行反馈与传递，做到动态重构与自主孪生，从而达到以虚控实、优化物理原型的目的，真正实现模型的内涵价值。相较于实体模型和数字化模型，数字孪生模型对物理实体的模仿可谓"神形兼似"，既有几何形状、三维尺度上的"形似"，又保持了运行机理上"神似"，因此，数字孪生具有程度更高的"仿真性"。

2. 数字孪生实现了真正的"虚实融合"

在数字孪生所有的特征中，最显著的特征表现为虚拟孪生体与对应的物理实体之间能够实现动态交互，这一特征可总结为其实现了真正的"虚实融合"。总的来看，一方面是物理实体在现实世界中发生的变化能够实时反馈到虚拟孪生体中，从而反映物理实体的实时状态；另一方面是虚拟孪生体在数字世界中所进行的仿真、计算的结果也能及时发送给物理实体，从而控制物理实体的执行过程。在这其中发挥关键作用的是数据的传递，原始数据、孪生数据在信息交互平台中的双向传输，使得数字孪生实现了真正的"虚实融合"。具体来看，数字孪生的"虚实融合"主要表现为以下三个方面。

首先，虚实融合过程逐渐由以往的"平台-人-机器"模式转变为数字

---

① 参见陶飞、张贺、戚庆林等《数字孪生模型构建理论及应用》，载《计算机集成制造统》2021年第1期，第1–15页。

孪生技术应用下的"数字孪生-自主决策-物理实体"模式。例如，自动化技术决策和执行的逻辑就是以往虚实融合的表现，其依靠管理平台收集全部的环境信息，此时的信息以数据的形式存储在虚拟空间中，由操作者进行分析并做出决策，最后由管理平台下发指令给所有的机器，于是，便实现了部分的虚实融合，即数字化平台的应用，这使得数据的收集、分析、决策都得以在虚拟空间中进行，并随着指令的发布使物理实体执行一系列的操作。但这种融合只是部分的虚实融合，因为其中不仅有"人"这个中介的参与，而且，平台与机器之间也存在着延迟的负面影响，无法做到实时交互。但数字孪生技术的应用能够自行收集自身需要的环境数据，并与其他相关的数字孪生体进行交流，同时依据得到的数据通过 AI（人工智能）进行自主决策。这其中无须"人"这个中介的参与，而且物理实体与其数字孪生体之间能够实现实时交互与反馈，因此，数字孪生实现的是真正的"虚实融合"。

其次，数字孪生虚实融合的过程是以三维立体可视化的方式展现的。由于数字孪生集成与融合了物理实体的几何模型、物理模型、行为模型及规则模型这四层模型，因此，对物理实体进行的映射能够实现多维度、多尺度、多学科的精准映射。加上数字孪生集成应用了虚拟现实、增强现实与混合现实等技术，使得物理实体在精准映射的基础上实现了虚拟空间的三维可视化。例如，在当前的应用领域，数字孪生发展的初级阶段往往是提供诸如车间、工厂等的三维可视化的服务。这使得以往只在二维平面展现的三维视图更加立体、形象且贴近现实物理实体，还能通过对虚拟孪生体的监控、观测、反馈、计算等得到对物理实体状态的仿真模拟。从这个角度来说，数字孪生相比以往的虚拟实践，在视觉角度实现了真正的"虚实融合"。

最后，数字孪生虚实融合的过程是贯穿物理实体的全生命周期的动态交互过程。在以往的虚拟实践过程中，虚实关系往往都是短暂存在的，一旦条件发展变换，这种关系随时有可能终结。例如，在通过数字化建模技术为建筑构建虚拟模型以指导实际建造的过程中，建筑数字化模型与未建成的建筑实体之间存在着短暂的虚实关系，一旦建筑完成建造，这种虚实关系也将随之终结。而在数字孪生技术应用的背景下，通过建筑信息模型（BIM），以建筑工程项目的各项相关信息数据为基础进行的模型构建，从建造伊始就与未来的建筑实体之间存在着全过程的虚实关系，即这种虚实关系将存在于"建造之初—建造过程—建造完工—建筑应用—建筑报废"这个建筑实体的全生命周期过程中。同时，建筑数字孪生模型也会随着建筑物理实体的变化而实时更新，数据在二者间进行传递与反馈，由此实现真正的"虚实融合"。

3. 数字孪生具有显著的"迭代优化性"

人类日常所接触的客观世界并不都是简单而可直观感受的对象，其中有很多事物的内部都具有非常复杂的结构。尤其是随着智能产品和智能系统的广泛应用，客观世界越来越呈现出复杂度日益提高、不确定因素众多、功能趋于多样化、针对不同行业的需求差异较大等特征。而正因为数字孪生具有显著的"迭代优化性"的特征，所以，其能够为解决复杂系统问题提供相应的可行性方案。

首先，数字孪生所具有的程度更高的仿真性与所实现的真正的"虚实融合"等特性是其显著的"迭代优化性"得以实现的两大前提。具体来看，迭代是一种重复反馈过程的活动，通过它能够更接近所需的目标和结果。在数字孪生技术应用的背景下，反馈过程得以重复进行的关键要素之一是对物理实体进行的精准映射，数字孪生的第一层属性特征保证了这一前提的实现。即由于数字孪生具有程度更高的仿真性，其通过对物理实体进行多学科、多物理量、多尺度、多概率的数字化镜像，在数字化空间中形成可供重复反馈过程进行的数字孪生体。反馈过程得以重复进行的另一关键要素是物理实体与虚拟孪生体之间能够实现动态交互，数字孪生的第二层属性特征保证了这一前提的实现。即由于数字孪生实现了真正的"虚实融合"，于是，物理实体在全生命周期内始终与虚拟孪生体之间保持着动态交互，能够将感知到的外界环境状态变化及时传递至信息交互平台，以使迭代优化活动顺利进行。

其次，数字孪生显著的"迭代优化性"这一特征属性得以实现，有其内在的运作逻辑。其一是数字孪生数据。数字孪生在对物理实体随时间变化而形成的不同状态进行描述与映射的同时，其本身也会因为反馈回来的孪生数据的变化而使自身不断丰富、完善与发展。其二是数字孪生算法。数字孪生在正常运作过程中，依托大数据与人工智能等技术可实现深度分析数据反馈、智能匹配最佳算法、自动贯彻方案执行，从而使自身具备高度的强学习性。进而，其通过自学习、自组织、自适应等功能，可对被孪生对象进行状态解析、方案调整、决策评估以及智能决策。其三是数字孪生迭代。经过数次的数据反馈与虚实交互之后，数字孪生体中将会积累大量的信息数据，再加上数字孪生算法对数据集不断进行训练而具备的"深度学习"功能，使得数字孪生迭代优化的推进具有内在逻辑必然性。在物理实体与虚拟孪生体进行虚实融合与动态交互的这个不间断的反馈过程中，每一次数据的累积都是对前一阶段的辩证否定，进而通过这种无数次、不间断、重复的迭代过程，使得数字孪生对复杂物理系统的解构经历"不断试错—进行调整—随后精进"的迭代优化过程。

最后，数字孪生显著的"迭代优化性"这一特征属性面向的对象是外界千变万化的复杂系统。数字孪生在构建之初就已经包括了其必须能够不断地迭代优化的要求，即能适应内外部的快速变化并做出针对性的调整，能根据行业、服务需求、场景、性能指标等不同要求完成系统的拓展、裁剪、重构与多层次调整，从而使得数字孪生能为复杂系统的感知、建模、描述、仿真、分析、诊断、预测、调控等提供可行的解决方案。在面对复杂物理对象时，人们借助数字孪生可在数字化空间中实现对复杂事物的形态、功能和本质等层面的数字孪生模型的构建，复杂物理对象的性能、结构和行为的变化会以数据信息的形式反馈到数字孪生体中，所形成的孪生数据对观测与检验复杂物理对象运行效果具有重要的能动作用。同时，这些数据经验还能够被实时记录并储存，经过数次的迭代发展，数据资源会变得越来越丰富多样。正是这种面向复杂系统的"模型+数据"双驱动的迭代优化性使得对物理实体的形态、功能和本质的延伸将会在时间累积的条件下获得更为忠实可靠的映射。

二、数字孪生的技术架构

在上述数字孪生的特征介绍中，"模型+数据"所实现的真正的"虚实融合"是数字孪生最为显著的特征。从总体上来看，数字孪生所涉及的相关技术也是围绕"模型+数据"这两方面展开的。一方面，数字孪生技术应用的前提是要对物理实体构建数字孪生模型。首先，模型的构建涉及建模仿真技术，而建模仿真技术与3R可视化技术的结合又使得其呈现的孪生模型更为接近物理实体。其次，构建数字孪生模型所需的相关信息需要依托物联网技术来实现，并且通过传感器设备对物理实体的几何、物理、行为、规则等数据进行采集，以便构建出多维度、多精度、多学科融合的孪生模型。另一方面，数字孪生模型构建完成后便进入应用环节，此时，数字孪生技术的各种功能便一一展现。首先，依托大数据技术可实现数据信息的广泛汇集与深度分析，并通过云雾边缘计算技术来满足数字孪生不同规模级别的计算需求，此外，区块链技术也保护了孪生数据的安全。其次，通过人工智能技术来强化学习、深度学习。最后，随着5G通信技术发展得越来越成熟，物理实体与虚拟实体之间以及各连接环节间的反馈也将更加便捷、高效与低延时。在数字孪生的落地应用过程中，建模仿真技术、3R可视化技术、物联网技术、大数据技术、云雾边缘计算技术、区块链技术、人工智能技术、5G通信技术等发挥着至关重要的作用。（见图1-1）

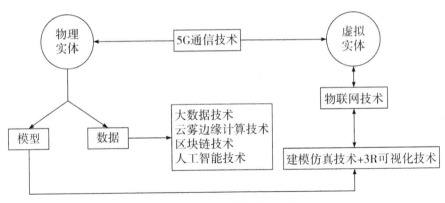

图 1-1　数字孪生的技术架构

（一）数字孪生的相关技术

1. 建模仿真技术

关于"数字孪生"这一用语的正式文献最早见于 NASA 于 2012 年对外公开的《建模、仿真、信息技术和处理》的技术路线图中，其将数字孪生列为 2023—2028 年实现基于仿真的系统工程的技术挑战。而早在 20 世纪 70 年代，NASA 就曾成功进行过仿真试验，即阿波罗 13 号宇宙飞船事件。阿波罗计划（Apollo Program）是美国组织实施的系列载人登月飞行计划。在这项工程中，NASA 构建了两个一模一样的航天飞行器：其中一个作为任务载体进行发射并执行所需任务；另一个则留在地球上进行半实物仿真实验，通过模拟运行环境来实时反映任务载体在宇宙中的运行状态。而就在阿波罗 13 号发射运行的两天后，地面指挥中心接到报警，说其服务舱的二号氧气罐发生了爆炸，这对阿波罗 13 号简直是致命的打击，因为氧气直接关乎着宇航员们的生命安全。此时，留在地球进行仿真模拟的航天飞行器在这次救援中发挥了关键的作用。地面指挥中心的工作人员对实验室中的航天飞行器进行模拟试验与仿真分析，最后使宇航员们根据地面演练所形成的操作指令安全地返回了地面。在这次事件中，仿真模拟发挥了重要的作用。以我们现在的视角回看，当时留在实验室中的航天飞行器便可以被视为孪生体，只不过那时还是实物形态的孪生体。随着建模仿真技术的发展，孪生体的形态也逐渐从实物形态转变为虚拟空间中的数字孪生体，而且表现得与物理原型越来越一致。

现代计算机仿真技术是伴随着世界上第一台通用计算机 ENIAC（电子数字积分计算机）的诞生而出现的。仿真是以建立模型为基础的，模型则是对现实系统有关结构信息和行为的某种形式的描述，是对系统的特征与变化规律的一种定量抽象，是人们认识事物的一种手段或工具。因此，为了突出建模的重要性，建模和仿真常常一起出现，即 Modeling & Simulation（缩写为 M&S）。而建立模型的目的也是实现仿真。2007 年，美国国防部将仿真定义为以模型（即系统、实体、现象或过程的物理、数学或其他逻辑表示）为基础，模拟真实世界过程或系统随时间的运行，以进行管理或技术决策。[①] 2014 年，由中国仿真学会编写的《建模与仿真技术词典》将"仿真"定义为：仿真又称模拟，是基于模型的活动，即利用模型来复现实际系统中发生的某些本质过程，并通过对系统模型的实验来研究、分析、改进实际中存在或设计中的系统。[②]

从上述仿真的诞生及其定义来看，建模与仿真是一对伴生体。仿真的概念从最初的完全使用物理模型的物理仿真，发展为完全基于数字模型的计算机仿真，到现在演变为物理模型与数字模型相融合的建模仿真，具体如图 1-2 所示。[③] 数字孪生技术在各领域的广泛应用离不开建模仿真技术的助力。通过建模技术对物理实体构建相应的数字孪生模型，可被视为对物理实体理解的模型化。而将具有完整机理和确定性规律的模型以软件的方式来模拟预测物理实体在不同输入情况下的状态变化的仿真模拟，可被视为对模型理解的正确性和有效性进行的验证和确认。在建模正确且感知数据完整的前提下，通过建模仿真技术，数字孪生能够描述物理对象的多

---

① 参见方志刚《复杂装备系统数字孪生——赋能基于模型的正向研发和协同创新》，机械工业出版社 2021 年版，第 14-16 页。

② 参见中国仿真学会《建模与仿真技术词典》，科学出版社 2018 年版，第 31-56 页。

③ 参见张霖、陆涵《从建模仿真看数字孪生》，载《系统仿真学报》2021 年第 5 期，第 995-1007 页。

维属性，刻画物理对象的实际行为和状态，分析物理对象的未来发展趋势，并在一定程度上达到物理对象与虚拟模型的共生。

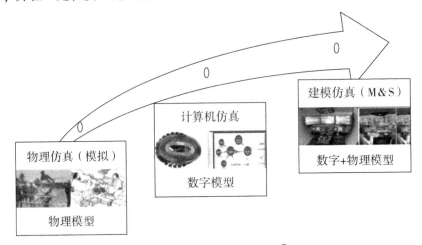

图1-2　从模型角度看仿真[①]

2.3R 可视化技术

上述的建模技术应用到数字孪生领域指的是对物理实体构建虚拟孪生模型，虚拟模型是数字孪生的核心部分，能够为物理实体提供多维度、多时空尺度的高保真数字化映射。实现可视化与虚实融合是使虚拟模型真实呈现物理实体及增强物理实体功能的关键。虚拟现实、增强现实、混合现实等可视化技术为此提供支持。

虚拟现实（virtual reality，VR）技术，通俗来讲，是指虚拟与现实的结合，它是上述仿真技术的一个重要研究方向。通过虚拟现实技术结合计算机图形学、人机接口技术、多媒体技术、传感技术、网络技术等模拟出来的各种现象，并不是我们在真实的物理世界中直接看到的，而是通过计算机技术模拟出来的现实中的世界的现象，故称为虚拟现实。虚拟现实依托物理世界中的真实数据，通过计算机技术生成的电子信号来生成模拟环境，构建实时动态的三维立体逼真图像，同时与各种输出设备结合，使所

---

① 参见张霖、陆涵《从建模仿真看数字孪生》，载《系统仿真学报》2021年第5期，第995—1007页。

构建的环境及模型能够转化为认识主体所能感知到的各种现象，这种感知除了计算机图形技术所生成的视觉感之外，还包括听觉、触觉、力觉、运动等感知，甚至还包括嗅觉和味觉等，也称为多感知。因此，在构建数字孪生模型时，人们可利用 VR 技术并结合计算机图形学、细节渲染、动态环境建模等技术实现虚拟模型对物理实体属性、行为、规则等方面层次细节的可视化动态逼真显示。

增强现实（augmented reality，AR）技术，也被称为扩增现实技术，是虚拟现实技术的发展。增强现实，顾名思义，就是能够对现实世界中的场景进行"增强"。增强现实技术的应用，可以促进虚拟世界与物理世界之间的"虚实融合"。其通过多种技术的综合，将原本在物理世界中难以进行感知的实体信息进行模拟仿真处理，将虚拟信息内容叠加到真实世界中，使用户可以通过显示器、投影仪、可穿戴头盔等设备实现物理世界与虚拟世界的实时交互，有效提升用户的感知和信息交流能力。数字孪生的一大特征便是物理实体与虚拟孪生体之间能够进行互联互通与虚实融合，而恰好增强现实技术具备虚实融合、实时交互、虚拟信息的三维注册这三要素，因此，增强现实技术被广泛应用到数字孪生领域。

混合现实（mixed reality，MR）技术是虚拟现实技术的进一步发展。从主观体验上来说，VR、AR、MR 是依次递进的关系。VR 能够实现的是将现实世界中的信息通过数字化技术呈现到虚拟空间中，让用户可以具有关于视觉、听觉和触觉的模拟。AR 能够实现的是在屏幕上把虚拟世界叠加在现实世界中，通过物理实体与虚拟模型之间的融合来增强用户对真实环境的理解。而 MR 不仅能够实现虚拟世界与现实世界的虚实融合，更能够实现虚实之间的交互与信息的及时获取。混合现实技术将虚拟现实的虚拟和增强现实的现实部分相结合，同时还增加了空间交互功能，使得数字化的世界在感官和操作体验上更加接近物理世界，让"孪生"一词变得更为精妙。相信在未来，虚拟现实、增强现实、混合现实等可视化技术将会极大助力数字孪生模型的构建，通过实时数据采集、场景捕捉、实时跟踪及三维注册等实现虚拟模型与物理实体在时空上的同步与融合，进而加快数字孪生技术的落地应用。

3. 物联网技术

随着数据呈现的爆发式增长，基于文本的传统可视化方法不仅难以及时有效地表达数据的含义和价值，更难以对庞大规模的数据信息进行精确处理。数字孪生所应用到的基于模型的新型可视化技术被人们视为理解有用信息和进行决策的有效手段之一。VR、AR、MR 等可视化技术可以超越时间和空间的限制，对物理实体的各种状态进行多尺度与实时的监测与评估，并能够将监测评估后的结果通过混合现实的方式叠加到物理实体中，为用户从视觉、听觉、触觉等感知角度提供沉浸式的虚拟现实体验，以实现物理实体与虚拟模型之间不间断的虚实融合和信息反馈。而这种沉浸式虚拟现实体验的前提是虚拟模型能够获取到有关物理实体多维度、多尺度的数据信息，同时还要能将仿真分析后的结果反向传输给物理实体，物联网技术恰好满足了这一前提需求，它是承载数字孪生数据流的重要工具。

物联网（internet of things，IoT），即"万物相连的互联网"，是在互联网基础上延伸和扩展的网络，其将各种信息传感设备与互联网结合起来，形成的一个巨大网络，从而实现任何时间、任何地点中的人、机、物的互联互通。物联网是新一代信息技术的重要组成部分，IT（信息技术）行业称其为"泛互联"，意指物物相连和万物万联。因此，物联网可被定义为借助信息传感器、射频识别技术、全球定位系统、红外感应装置、激光扫描装置等设备与技术，达到实时采集所有需要相互连接和相互作用的物体的信息的目的。物联网收集物体的声、光、热、电、力学、化学、生物、地点等各种必要的信息，并通过各种可能的网络接入途经，实现物与物、物与人的广泛连接，并实现对访问对象和访问过程的智能感知、智能识别和智能管理。

物联网是一种建立在互联网和传统通信网络基础上的信息媒介，它让所有可以独立寻址的普通物理对象形成了一个可以相互连接的网络，使得物与物之间也能够进行信息交换和通信。

物联网技术具有整体感知、可靠传输、智能处理等特征功能，是数字孪生的底层伴生技术，其能够为数字孪生体和物理实体之间的数据交互提供连接。物联网可借助射频识别设备、二维码设备、智能传感器等感知设备感知获取物体的各类信息，并通过对互联网及无线网等通信技术的融合，将物理实体的信息实时准确地传输给数据存储和运算系统。物联网技术通过融合人工智能技术，还能够对所感知和传输的数据信息进行分析处理，实现监测与控制的智能化，并将在虚拟空间进行的仿真分析的数据结果反向传输给物理实体，使得数字孪生体与物理实体在全生命周期内保持动态一致。物联网技术正是利用"获取信息—传输信息—处理信息—施效信息"等功能特征，搭建起了物理实体与虚拟模型之间沟通的桥梁。

4. 大数据技术

通过物联网技术搭建起来的物理实体与虚拟模型之间的桥梁是数据流进行双向传输的桥梁。数据在数字孪生技术的应用中是具有同"模型"同等重要地位的要素。因为，数字孪生模型不仅在构建时需要获取物理实体的多维度、多尺度、多精度、多学科的大量数据，还要在运作时利用大数据技术对采集到的繁多数据进行筛选、过滤、分析以及预测，并将仿真分析生成的孪生数据反向传输给物理实体，使得物理实体与数字孪生模型在全生命周期内保持动态一致。另外，数字孪生模型在应用时也需要依托这些数据，其将数据进行服务化封装，并以应用软件或移动端 App（应用程序）的形式提供给用户，以实现对服务的便捷与按需使用。因此，对于数字孪生技术而言，依托大数据技术进行的采集和处理是数字孪生体能同步反映物理实体的基本前提，而随后的数据分析、计算以及对数据安全的维护则离不开对云计算、雾计算与边缘计算等技术的应用以及区块链技术的加持。

最早提出大数据时代将要到来的是全球知名咨询公司麦肯锡，其声称："数据，已经渗透到当今每一个行业和业务职能领域，成为重要的生产因素。人们对于海量数据的挖掘和运用，预示着新一波生产率增长和消费者盈余浪潮的到来。"2012 年，"大数据"（big data）一词越来越多地被提及，人们用它来描述和定义信息爆炸时代所产生的海量数据。大数据的所具有的特征可被概括为 4V，即数据量大（volume）、数据种类繁多（variety）、数据价值大（value）、数据速度快（velocity）。当人们利用大数据技术多渠道快速获取多种类的海量数据，挖掘有价值和潜在的信息并合理运用，最终以低成本创造高价值之时，大数据时代也在重塑着人们的思维方式——要利用全体数据，而不是随机样本的部分数据；要接受混杂性与不精确性；要着重关注事物之间的因果关系而非相关关系。人们利用大数据技术能够从数字孪生高速产生的海量数据中提取更多有价值的信息，以解释和预测现实事件的结果和过程。大数据处理的关键技术包括数据采集和预处理、数据存储和管理、数据分析和挖掘。采集而来的数据具有异质化、非结构化等特征，这对数据的计算分析和存储处理提出了新要求。

运算能力是制约数字孪生功能顺利实现的一大难点。数字孪生的一大功能是实时映射，计算能力将直接影响其性能和功能的实现，由此可见，运算性能的重要性毋庸置疑。受限于目前计算机的发展水平，通过提升硬件条件来提升运算性能的难度和成本极高。因此，目前可能的解决方案是将基于分布式计算的云平台作为基础，辅以高性能嵌入式计算系统，同时借助异构加速的计算体系［例如，CPU（中央处理器）+GPU（图形处理器）、GPU+FPGA（现场可编程门阵列）］，通过优化数据的分布架构、存储方式和检索方法来提高运算性能。大数据时代常见的计算方法有云计算、雾计算和边缘计算。数字孪生的规模弹性很大，单元级数字孪生可以通过雾计算来实现计算与运算需求。雾计算的概念最初是由美国纽约哥伦比亚大学的萨尔瓦多·斯托弗（Salvatore Stolfo）教授提出的，当时他的意图是利用"雾"来阻挡黑客入侵，而雾计算可理解为本地化的云计算。系统级和复杂系统级的数字孪生则需要通过具有更大计算量与存储能力的云计算来实现计算与运算需求。云计算是分布式计算的一种，其通过"云"网络将巨大的数据计算处理程序分解成无数个小程序，然后通过多个服务器所组成的集成系统进一步加工、处理和分析这些小程序，以实现在短时间内（如几秒钟内）处理数以万计的数据的效果。用户则使用按需计费的、可配置的计算资源共享池，从云端接收计算结果，从而获得强大的网络服务。云计算按需使用与分布式共享的模式可使数字孪生使用庞大的云计算资源与数据中心，从而动态地满足数字孪生的大规模、系统级的计算以及存储与运行需求。还有一种计算方式是边缘计算。边缘计算是指将从物理世界中采集到的数据在边缘侧（靠近数据源的终端）进行实时过滤、规约与处理，让程序与相关数据更加接近采集设备，这样可减少对距离较远的中央设备的依赖性，保证历史数据、实时数据和其他基础数据都可以以更快、更好的方式被处理和储存，从而实现用户本地的即时决策、快速响应与及时执行。边缘计算结合云计算技术，可以使复杂的孪生数据被传送到云端进行进一步的处理，从而实现针对不同需求的云-边数据协同处理，以提高数据处理效率、减少云端数据负荷、降低数据传输时延，为数字孪生的实时性提供保障。

数字孪生时代的数据保护问题至关重要，区块链技术可对数字孪生的安全性提供可靠保证，可确保孪生数据不可篡改、全程留痕、可跟踪、可追溯等。区块链技术应用下的数据以区块为单位产生和存储，并按照时间顺序连成链式数据结构。所有节点共同参与区块链系统的数据验证、存储和维护。新区块的创建通常需得到全网多数（数量取决于不同的共识机制）节点的确认，并向各节点广播以实现全网同步，之后便不能被更改或删除。区块链的核心技术包括分布式账本、共识机制、智能合约和密码学，具有独立性、不可变性和安全性的区块链技术，可防止孪生数据因被篡改而出现错误和偏差，以保证数字孪生的安全，从而鼓励更好的创新。此外，通过区块链建立起的信任机制可以确保服务交易的安全，从而让用户安心使用数字孪生所提供的各种服务。

5. 人工智能技术

依托物联网技术部署在物理实体关键点上的传感器感知实体对象的必

要信息，并通过各类短距无线通信技术传输给数据存储和运算系统。随后大数据技术将对采集到的繁多数据进行筛选、过滤、分类等预处理，并依据数据规模选择云、雾或边缘计算等适合的计算方式对数据资源进行深入分析与挖掘。最后依据这些初始数据并借助建模与仿真技术在虚拟空间对物理实体构建相应的数字孪生模型。同时，仿真技术不仅能够建立物理对象的数字化模型，还将根据当前状态，通过物理学规律和确定机理来计算、分析和预测物理对象的未来状态。而物理世界中的实体对象往往是难以被获取准确完整信息的，其容易随环境、场景的变化而变化。人们若想要通过数字孪生技术所构建的虚拟模型来达到认识与预测物理世界的目的，还需要融入人工智能技术。

人工智能技术是计算机科学的一个分支，早在 1956 年召开的达特茅斯会议上，就有学者曾提出"人工智能"的概念。人工智能技术企图了解智能的本质，并创造出一种新的能以与人类智能相似的方式做出反应的智能机器，该领域的研究包括机器人工程、语言识别、图像识别、自然语言处理和专家系统等。简单来说，人工智能通过在计算机上建模来研究人类智能，并通过模拟人的意识与思维过程，创造出像人类一样工作和反应的智能机器。20 世纪 50—80 年代，大多数人工智能系统依赖的都是人工编程的符号知识表示和程序推理机制。而随着科技的进一步发展，现代人工智能建立在机器学习的基础上。我们将通过基于"训练"海量数据得到的模型算法来解决特定问题的方法称为机器学习。机器学习的本质是机器对数据的分析，通过对数据的分析，计算机能够自我学习，找到这些数据中的特征和规律，并利用规律对新的数据做出判断。

机器学习主要可以分为监督学习、无监督学习、半监督学习、强化学习四种类别。人工智能的深度学习是机器学习的一个分支，它的本质原理和机器学习非常相似，但深度学习运用到了更加复杂的算法，其通过多层神经网络结构，将底层属性逐步"进化成"机器自身能够看懂理解的高层属性，从而实现自动找出分类问题所需要的重要特征的效果，再推演出接下来可能要发生的环节步骤，以形成像人类一样的思维过程和工作程序。当前，人工智能正在向更高层级的强化学习、深度学习等技术渗透。数字孪生借助人工智能技术，可在不需要数据专家参与的情况下自动执行数据准备、分析、融合等步骤，对孪生数据进行深度知识挖掘，从而训练出面向不同需求场景的模型，以完成后续的诊断、预测及决策任务，甚至在物理机理不明确、输入数据不完善的情况下也能够实现对未来状态的预测，使得数字孪生体具备"先知先觉"的能力，最终生成各类型的服务。数字孪生有了人工智能技术的加持，可大幅度提升数据的价值以及各项服务的响应能力和服务准确性。

6. 5G 通信技术

无论是数字孪生模型的构建过程，还是模型的运作与应用过程，其中的连接环节都离不开信息通信技术的支持。在孪生模型构建时，其通过传感器感知物理实体信息并将信息传输至数据存储和运算系统，这虽然是依托物联网技术而实现的物与物之间的连接，但其底层技术基础仍然是以互联网为核心的信息通信技术。在孪生模型运作的环节，数据流在模型内部不停分发，流转的过程以及虚拟模型与物理实体之间的精准映射与双向反馈的过程，依靠的也是信息通信技术。在孪生模型应用的过程中，用户通过应用软件或移动端设备等途经实现的对数字孪生服务的便捷与按需使用，更是离不开信息通信技术的支撑。

移动通信技术（mobile communication technology）的不断发展，使用户彻底摆脱了终端设备的束缚，实现了完整的个人移动性，形成了可靠的传输手段和接续方式。自 20 世纪 80 年代初 1G（第一代移动通信技术）概念被提出，其保持着大概每 10 年更新一代技术的发展规律，已经历了 1G、2G、3G、4G（2G、3G、4G 分别为第二代至第四代移动通信技术）的技术革新，现在发展到了 5G 技术。移动通信技术的每一次代际跃迁与技术革新，都极大地促进了产业升级和经济社会发展。从 1G 到 2G，实现了模拟通信到数字通信的过渡，移动通信走进了千家万户；从 2G 到 3G、4G，实现了语音业务到数据业务的转变，传输速率成百倍提升，促进了移动互联网应用的普及和繁荣。当下的移动网络已经深深地融入了社会生活的方方面面，4G 网络造就了繁荣的互联网经济，解决了人与人随时随地通信的问题，但在数据规模爆发式增长的背景下，以及新服务、新业务的不断涌现，4G 移动通信将逐渐朝着 5G 通信技术的方向发展。

5G 是具有高速率、大容量、低时延和高可靠特点的新一代宽带移动通信技术，是实现人、机、物互联的网络基础设施。作为一种新型移动通信网络，其不仅要解决人与人通信，以及为用户提供增强现实、虚拟现实、超高清 3D 视频等更加身临其境的极致业务体验的问题，更要解决人与物、物与物通信的问题，以满足移动医疗、车联网、智能家居、工业控制、环境监测等物联网应用需求。如果说 3G 是移动互联网，4G 是数据互联网，那么 5G 则是智能互联网。最终，5G 将渗透到经济社会的各行业、各领域，成为支撑经济社会向数字化、网络化、智能化转型的关键新型基础设施。在数字孪生技术的应用过程中，虚拟模型的高精准程度、物理实体的快速反馈控制能力、海量物理设备的互联需求对数字孪生的数据传输容量、传输速率、传输响应时间提出了更高的要求。5G 通信技术具有高速率、大容量、低时延、高可靠的特点，能够契合数字孪生的数据传输要求，实现虚拟模型与物理实体的海量数据低延迟传输、大量设备的互通互联，从而更好地推进数字孪生的应用落地。2013 年，5G 技术首次被提出；2017—2018 年，5G 技术标准被冻结；2019 年，5G 技术开始被商用。相信在不久的将来，5G 技术将助力数字孪生领域的应用，促进相关产业发展并引领社会的新一轮变革。

（二）数字孪生的运行原理

1. 数字孪生模型与数据双驱动的指导方法

人们以往的工程实践活动通常由两大方法论指导：一是模型驱动方法，二是数据驱动方法。二者本质上都源于对人类知识的总结和扩展，都具有一定的数学理论基础。[①] 模型驱动方法通常以机理模型或知识规则的形式展现，适用于对运行机理明确和结构清晰的系统进行模型刻画。模型驱动方法有助于辨明问题起源、认识问题机理、提取普适规则、实施控制决策，并且能够在应用场景发生变化时，通过模型细化或参数修改等方式扩展来增强模型的适应性。数据驱动方法的发展得益于新一代信息技术和人工智能技术的发展，其通常以数据来构建模型。在很多情况下，系统内部结构和性质并不清楚，模型分析无法从中得到系统的规律，但仍存在若干可采集的、表征系统规律的、描述系统状态的数据。数据驱动方法摒弃了对研究对象内部机理的严格分析，以大量的试验及测试数据为基础，通过不同的数据处理算法，分析数据之间的关联关系，生成经验模型，并从数据中挖掘问题的特征。一方面，对历史数据的分析有助于了解研究对象与系统在历史运行中的特性；另一方面，对在线数据的分析有助于了解它们实际的运行状态，以支撑研究对象与系统运行的态势感知、评估和预测。

然而，模型驱动方法和数据驱动方法自身都存在一定的问题。在模型驱动方法下，不仅会出现诸如模型误差难以避免、模型计算难度大、模型复杂度与准确度存在矛盾等问题，还会限制物理机理方法在实际系统工程应用中的实施效果，更会出现模型机理难以清晰表达的问题，尤其是在面对社会、经济等非工程系统上的应用时，模型驱动方法的应用效果往往不甚理想。在数据驱动方法下，由于数据建模方法通常是将数据样本转化为经验模型，不依托于系统机理和先验知识所构建的模型，这使得对数据之间关系和建模精确度的把握常常大打折扣。不仅如此，由于数据模型不依赖于系统机理，而是直接从数据集中构建而来，当数据集对应的环境条件发生变化时，该数据模型将无法再适应环境，需要重新构建。

美国空军阿诺德工程发展中心（AEDC）的科学家爱德华·M. 克拉夫特（Edward M. Kraft）曾于 2010 年撰写了一篇名为《40 年过去了，为什么计算

---

① 参见陆剑锋、张浩、赵荣泳《数字孪生技术与工程实践——模型+数据驱动的智能系统》，机械工业出版社 2022 年版，第 219-225 页。

机还没有取代风洞?》("After 40 Years Why Hasn't the Computer Replaced the Wind Tunnel?")的文章,深入分析了计算科学和工程与试验设施之间的关系。他指出,计算科学和工程领域的专家一直认为计算基础设施将取代传统的风洞设施,但这种情况并未发生。数字风洞是计算机在工业领域中应用的一个场景,这种场景具有代表意义,它所体现出来的困难正是工业数字化转型的主要挑战。如克拉夫特在文中所讲的,计算取代风洞本身就是一个伪命题,考虑两者的融合才是它的发展方向,只是从单一维度考虑数字化并不能达到大家所期待的目标。① 人工智能先驱、图灵奖获得者朱迪亚·珀尔(Judea Pearl)也曾指出,基于统计的、无模型的机器学习方法存在严重的理论局限,难以被用于推理和回溯,也难以被作为强人工智能的基础。实现人类智能和强人工智能需要在机器学习系统中加入实际模型的导引。因此,脱离机理模型的大数据分析不适合复杂工业环境,需要两者结合,才能实现有效的应用。

实际上,早在 21 世纪之初,美国国防高级研究计划局(DARPA)便已经关注到工业数字化进展比较缓慢的问题,具体表现为产品数字化程度越来越高,但制造工艺和制造方法还停留在几十年前的水平。例如,美国国防装备研制中所展现出来的"丑小孩综合征"比较明显,这表现为在风洞试验和试飞两个过程中消耗了大量的时间,但难以通过不断增加投入来解决该问题,因为若大幅消耗自己的研发资源和资金,则势必会减少对其他领域的投入,从而不能有效地维持自身的竞争优势。美国国防高级研究计划局国防科学办公室在 2009 年举办了一次未来制造研讨会,在会上,"数字孪生新范式"这一概念被提出并用来描述这种以物理世界和数字空间对应方式来运行的工程体系。数字孪生的优势在于其基于模型和知识,结合实际系统中采集的数据,融合后进行优化,以充分发挥模型和数据各自的优势。综合来看,模型驱动的方法虽然具有精确度高、适应性强等优

---

① E. M. Kraft. "After 40 Years Why Hasn't the Computer Replaced the Wind Tunnel?", *ITEA Journal*, 2010, 31 (3): 329-346.

势，但同时也存在面对复杂非线性过程时建模难度大的问题；数据驱动的方法虽然可以基于数据生成经验模型，挖掘问题特征，但由于没有模型机理的参与，因而无法实现随着环境的改变而实时变动。从而，将模型驱动方法和数据驱动方法结合起来才是未来系统工程发展的趋势。

数字孪生技术作为一种新范式、新路径，其核心理念在于构建与物理实体等价的虚拟模型，通过虚拟模型与物理实体之间的双向映射与数据反馈，在数字化平台实现对物理对象的仿真、分析、预测与优化，并利用虚拟仿真优化的结果，以低成本的方式来控制物理实体的精准执行，从而达到对现实物理世界的引导与管理。数字孪生的核心价值在于基于数据的预测而运行，其通过物理网技术实时采集的物理对象的数据与以往的数据有所不同，它具有时间维度上的更新。这看似是一个较小的改变，但却产生了巨大的价值能量。数字孪生的运行是基于"数据+模型"双驱动方法的指导而进行的，即数字孪生采用的是有别于单一依靠模型驱动的机理建模和单一依靠数据驱动的数据建模的方式，利用实时数据来完成对高保真度孪生模型的构建，并依据双向传输的数据信息与预测分析的结果来完成不同场景、目标、约束条件下的决策与优化。当外界环境发生变化时，数字孪生可以依据实时参数信息数据的变化，无须重新构建，便直接在原有孪生模型的基础上进行同步更新，以此来适应环境的变化，这具有传统静态和离线分析所不具有的意义。综上所述，数字孪生所构建的系统实现的运行过程是数据和模型双驱动的迭代运行与优化的过程。

2. 数字孪生模型与数据双驱动的运行原理

数字孪生模型是随着数字孪生概念的提出而得以快速发展和广泛应用，并具有显著特征优势与广阔应用前景的新一代模型。数字孪生的概念最早是由美国学者迈克尔·格里夫斯教授在 2003 年的产品全生命周期管理课程上提出的；① 随后在 2005 年，他进一步提出了数字孪生旨在刻画某种

---

① M. Grieves. "PLM-beyond Lean Manufacturing", *Manufacturing Engineering*, 2003, 130（3）：23-25.

产品全生命周期过程中真实空间和虚拟空间的映射。[①] 2014 年，美国学者阿尔伯特·塞罗内（Albert Cerrone）等人首次提出了一种关于数字孪生的专用模型，即有限元模型。[②] 2015 年，第一个数字孪生通用模型（Digital Twin Implementation Model）由格里夫斯教授提出。随后，基于不同的研究领域与需求用途，很多数字孪生模型相继被众多学者提出。其中被学界所广泛认可的是我国著名学者、北京航空航天大学的陶飞教授及其团队在《数字孪生五维模型及十大领域应用》一文中创造性提出的数字孪生五维模型（M_{DT}），具体如图 1-3 所示。[③]

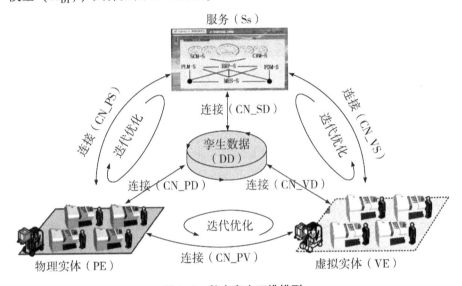

图 1-3　数字孪生五维模型

该数字孪生技术研究团队在格里夫斯教授提出的数字孪生三维模型（物理实体、虚拟实体、二者间的连接）的基础上，增加了孪生数据和服

① M. Grieves. "Product Lifecycle Management: The New Paradigm for Enterprises", *International Journal of Product Development*, 2005, 2 (1-2): 71-84.

② A. Cerrone, J. Hochhalter, G. Heber, et al. "On the Effects of Modeling As-manufactured Geometry: Toward Digital Twin", *International Journal of Aerospace Engineering*, 2014: 1-10.

③ 参见陶飞、刘蔚然、张萌等《数字孪生五维模型及十大领域应用》，载《计算机集成制造系统》2019 年第 1 期，第 1-18 页。

务两个新维度，创造性地提出了数字孪生五维模型的概念，如图 1-3 所示。在"$M_{DT}=(PE, CN, DD, VE, Ss)$"这个式子中，PE 表示物理实体，VE 表示虚拟实体，Ss 表示服务，DD 表示孪生数据，CN 表示各组成部分间的连接。其中，物理实体作为客观存在的对象承担了载体的作用，多维的虚拟模型仿真计算与繁多的数据分析处理，都建立在物理实体的基础上。物理实体通常由各种功能子系统组成，利用部署在物理实体上的传感器进行环境数据和运行状态的实时监测，并通过子系统间的协作完成特定的任务，带动各个部分的运转，令数字孪生得以实现，是数字孪生应用的"骨骼"。虚拟实体是物理实体忠实的数字化镜像，是实现产品设计、生产制造、故障预测、健康管理等各种功能最核心的组件。它集成与融合了描述 PE 尺寸、形状、位置、装配关系等几何参数的几何模型（Gv）；描述 PE 应力、疲劳、变形、约束、特征等物理属性的物理模型（Pv）；描述 PE 在不同时间尺度下的外部环境与干扰以及内部运行机制共同作用下产生的实时响应及行为，诸如随时间推进的演化行为、动态功能行为、性能退化行为等行为响应的行为模型（Bv）；描述 PE 基于历史关联数据的规律规则，基于隐性知识总结的经验，以及相关领域标准与准则等运行规律的规则模型（Rv）。最后在数据的驱动下，虚拟模型将应用功能从理论变为现实，是数字孪生应用的"心脏"。服务系统集成了评估、控制、优化等各类信息系统，将数字孪生生成的智能运行、精准管理和可靠运维等服务以最为便捷的形式提供给用户，同时给予用户最直观的交互反馈，是数字孪生应用的"五感"。孪生数据是数字孪生最核心的要素，其包括物理实体数据（Dp）、虚拟实体数据（Dv）、服务系统数据（Ds）、领域知识数据（Dk）及融合衍生数据（Df），并随着实时数据的产生被不断更新与优化，推动各部分的运转，是数字孪生应用的"血液"。动态实时交互连接将以上四个部分进行两两连接，使其成为一个闭环的整体，实现了数据在各部分间的实时传输与信息交换，保证了各部分间的一致性与迭代优化，是数字孪生应用的"血管"。

　　基于上述数字孪生五维结构模型实现数字孪生驱动的应用，首先要针对应用对象及需求分析物理实体特征，以此建立虚拟模型，构建连接实现虚实信息数据的交互，并借助孪生数据的融合与分析，最终为使用者提供各种服务应用。本书在上述五维模型的基础上，为重点突出数字孪生"模型+数据"驱动的方法论指导，提出了模型与数据双驱动的数字孪生运行原理图（见图1-4），以期对数字孪生有更深入的认知与理解，推动数字孪生技术在更广泛领域内的进一步落地应用。数据和模型是数字孪生系统的两个基本面。数据代表物理实体，从物理实体运行过程采集而来，并通过数据驱动进行模型更新，弥补传统建模过程中参数不确定的缺陷；模型代表虚拟实体，从数字模型分析仿真而来，并通过模型驱动来指导数据分析，助力数字孪生应用的顺利开展。数据代表实际，模型代表虚拟，虚实融合就是模型与数据的融合。与此同时，物理实体与虚拟模型能够在物理对象的全生命周期内实现动态重构，自主孪生。

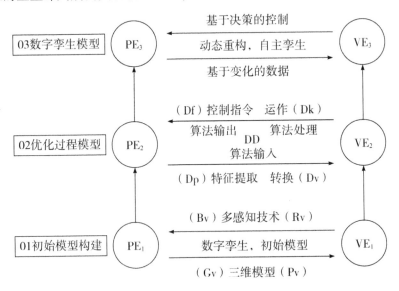

图1-4　模型与数据双驱动的数字孪生运行原理

　（1）初始模型构建——三维模型与多感知技术。

数字孪生的本质意义在于其能够基于现实物理实体在数字化空间中完

成对虚拟孪生模型的构建，从而在物理实体全生命周期内实现二者间的数据反馈与虚实融合。因而，数字孪生实现的前提条件在于，物理世界中首先存在一个需要构建相应孪生模型的业务目标（物理实体），即图1-4中所示的 PE_1。值得注意的是，物理实体与虚拟模型之间的对应关系并非只限于"一对一"的虚实映射，还存在着诸如"多对一、少对一、零对一、多对多、一对多、一对少、一对零"等多元化的映射关系。与此同时，实际应用中的物理实体是有层级性和维度性划分的：层级性指的是物理实体有单元级、系统级和体系级；维度性指的是物理实体本身是一个融合了各种几何的、物理的、行为的、规则的等多维数据类型的物质集合体，并随着外界条件的变化按照客观规律进行动态演化。

当物理世界存在需要构建相应孪生模型的 PE_1 时，随之而来的任务便是在数字化空间中建立起与 PE_1 相对应的初始孪生模型，即图1-4所示的 VE_1。那么 VE_1 是如何构建的呢？数字孪生模型构建的研究分为专用模型研究和通用模型研究，而无论是哪种模型构建研究，其所遵循的总体原则都是一致的，即尽可能地从多维度模型与多领域模型开始进行 VE_1 的构建，[①] 从而有效体现全生命周期内的信息流动和真正实现对 PE_1 的精准映射。刘青的团队通过多场景下的数字孪生模型的相关调研得出，现有应用大多直接依托原有专业领域的模型（如三维模型）进行构建，往往越过了对 PE_1 的感知过程，因而无法真正实现对于 VE_1 的有效呈现。于是，其团队类比人类通过多感知认识物理世界的方法，提出了一种面向多感知的数字孪生模型构建方法。[②] PE_1 作为一个物质集合体，其自身不仅具有多种性质，而且还会随外界条件变化而进行动态演化。进而，人们需要对 PE_1 进行对象、结构、功能建模，同时还要构建相应的环境、近实时、行为与

---

① 参见陶飞、张辰源、张贺等《未来装备探索：数字孪生装备》，载《计算机集成制造系统》2022年第1期，第1-16页。

② 参见刘青、刘滨、张宸《数字孪生的新边界——面向多感知的模型构建方法》，载《河北科技大学学报》2021年第2期，第180-194页。

规律逻辑等模型。我们可将这些模型概括为图 1-4 所示的几何模型（Gv）、物理模型（Pv）、行为模型（Bv）和规则模型（Rv）。具体来看，我们可结合三维模型获得 PE_1 的几何参数与物理属性等数据，并通过视听觉、嗅味觉、触觉和动力感知等多感知的技术方法来构建 PE_1 的行为模型与规则模型。于是，能够对 PE_1 在全生命周期内进行精准映射与虚实融合的 VE_1 便得以呈现。

那么，通过多感知模型构建方法呈现出的虚拟孪生模型 VE_1，是如何结合物理模型 PE_1 发挥模型驱动作用的呢？数字孪生强调的是基于所建立的高保真度的虚拟模型实现物理对象虚实两侧的双向映射与动态交互，从而达到以虚控实的目的。当我们一般谈论"基于模型"时，这个模型指客观规律，也指科学家或工程师针对实际需求而构建的反映实际系统运行规律的一个抽象表达。此处的数字孪生虚拟模型 VE_1 就是通过融合物理机理与数据信息，在计算机平台构建出的对客观对象用数据进行表达的符合一般规律的抽象模型。对于"基于模型"说法中的"模型"一词，是知识的一种体现，通过模型，科学家或工程师把隐性知识表达成显性知识（如数学模型），或者把隐藏在物理系统中的运行规律用另外一种计算机可以模拟的方式表达出来（如仿真模型）。在数字孪生技术出现之前，以往的虚拟实体中就已经包含了很多反映物理实体运行规律的模型，用来对物理实体进行模拟仿真。同时，虚拟实体中的信息系统也包括了很多物理实体运行过程所采集的数据，但是这些模型和数据因为基于不同的应用目的而开发，没有很好地融合起来，不能充分发挥作用。[1]

数字孪生虚拟模型 VE_1 的构建便是用于解决传统应用模型和数据分离的问题的，其通过两者的融合，充分发挥协同作用。通过所构建的 VE_1 拟实的界面，可以充分利用三维模型等来形象地展示计算和分析的结果，提高人机之间的交互水平。PE_1 通过高速、低延迟、高稳定的数据传输协议，

---

[1]　参见陆剑锋、张浩、赵荣泳《数字孪生技术与工程实践——模型+数据驱动的智能系统》，机械工业出版社 2022 年版，第 210-218 页。

可以接收 VE_1 发送过来的仿真、分析、优化后的管控指令并精准执行，完成特定的程序步骤，并将执行结果实时反馈给 VE_1 以进一步迭代优化，只是此时的 VE_1 还只是初始状态下的数字孪生模型，仍需要不断地进行迭代与优化。

（2）优化过程模型——以数据为核心的算法驱动。

上文说到，数字孪生模型的构建能够实现对物理实体在全生命周期内的精准映射与虚实融合，VE_1 不仅能够对 PE_1 进行多维属性的描述和行为状态的刻画，还能够对 PE_1 进行未来发展趋势的分析，从而达到以虚控实，优化物理实体的目的。那么 VE_1 是如何实现对 PE_1 的监控、仿真、预测、优化等实际功能服务的呢？其中，以数据驱动为核心的算法运作是数字孪生模型效用发挥的核心之所在，于是在 PE_1-VE_1 的初始孪生模型的基础上，演化生成了融合数据和算法的 PE_2-VE_2 的优化过程模型。数字孪生一方面是实现物理实体和虚拟实体实时连接同步的驱动引擎，另一方面是智能算法和智能计算的引擎核心，为用户提供高级智能化服务。

在我们通常的认知下，数据一般指没有特定时间、空间背景和意义的数字、文字、图像或声音等，是关于事件的一组离散的客观事实的描述，反映了客观事物的某种运动状态，可被定义为有意义的实体；数据的关联将产生信息，观点、定义、描述、术语、参数等都可以被看作信息，信息是数据载荷的内容，是对数据的解释，人们对信息的获取只能通过对数据背景和规则进行解读这个途经。从数学的观点来看，信息是用来消除不确定的一个物理量；信息的关联将产生知识，知识是信息接收者通过对信息的提炼和推理而获得的认识，是人类通过信息对事物运动规律的把握，是结构化的、具有指导意义的信息。同样从数学的观点看，知识是用来消除信息的无结构性的一个物理量；智能是理解知识、应用知识处理问题的能力，表现在知识与知识的关联上，即运用已有的知识，针对客观世界发展过程中产生的问题，根据所获得的知识和信息进行分析、对比，演绎出解决方案的能力，推理、学习和联想都是智能的重要因素。在当下以机器学习为代表的人工智能技术极大地推动了数据在深度与广度方向的渗透挖掘，尤其是在数字孪生技术应用领域中，以数据为核心的算法进行着最重要的预测职能，而预测的基础恰恰在于数据挖掘后形成的系统信息和知识。强化学习和深度学习等机器学习算法可以对物理实体的相关信息建立训练集，进行数据训练，从事实出发，不断运用专家库中已知的知识和深度学习推理形成的知识对虚拟模型进行仿真模拟与预测，并将预测结果传输给物理实体，达到以虚映实和以虚控实的目的。

　　索伦·巴罗卡斯（Solon Barocas）等曾在《数据与公民权利：技术入门》一文中将算法定义为"为完成特定任务而设计的特定逻辑操作序列，是对某种输入进行操作以达到预期结果的分步指令"[①]。算法随即可被理解为包括输入、处理和输出的一套程序指令或步骤。[②] 在数字孪生模型领域，各种预测与决策的仿真过程的开展同样离不开算法的参与，而算法的运作以数据为基础和前提。如图 1-4 所示，优化过程模型 VE_2 运行的起点便是通过传感器、数据采集卡、嵌入式系统等方式对 PE_2 的物理实体数据（Dp）进行特征提取，以获得能够体现 PE_2 物理属性与动态演变的数据；进而通过算法输入环节将这部分信息转换成 VE_2 所能够理解的虚拟实体数据（Dv），并以几何模型、物理模型、行为模型、规则模型等相关数据以及仿真数据进行呈现；再者，VE_2 依据深度学习等机器学习算法，结合专家知识、行业标准、规则约束等知识数据（Dk）开展最为核心的算法处理过程，通过算法运作，VE_2 不仅能够进行多次的仿真过程模拟，还能够帮助 PE_2 进行未来趋势预测，生成可信任的算法决策。其通过算法输出来发出指令控制，最终实现以虚控实的目的。在此过程中，融合衍生数据（Df）通过对 Dp、Dv、Dk 等数据进行融合，能够更加全面与精准地实现

---

① S. Barocas, A. Rosenblat, D. Boyd, et al. "Data & Civil Rights: Technology Primer", Data & Civil Rights Conference, October, 2014.

② 参见陶迎春《技术中的知识问题——技术黑箱》，载《科协论坛（下半月）》2008 年第 7 期，第 54-55 页。

对物理实体的映射，从而保证 VE_2 所做出的算法决策更加准确地反映 PE_2 的现实状态与未来趋势。值得注意的是，此时的 VE_2 还只是优化过程状态下的数字孪生模型，距离理想的数字孪生模型还有一定的路要走。

（3）数字孪生模型——全生命周期的同生共长。

在《数字孪生体技术白皮书（2019）》一书中，安世亚太公司数字孪生体实验室的研究团队清晰地阐述了数字孪生体的成熟度模型，即一个数字孪生体要经历数化、互动、先知、先觉、共智等生长阶段，最终实现理想状态模型，具体如图 1-5 所示。[①] 数化阶段是指利用建模技术和物联网技术将物理对象及其状态转化为计算机和网络所能感知、识别和分析的信息，并建立数字化模型的过程；互动阶段是指依靠物联网技术和数字线程搭建起数字对象和物理对象之间的桥梁，从而进行预测和优化并根据优化结果干预物理世界的过程；先知阶段是指利用仿真技术对融合了物理对象几何形状、物理规律和完整机理的数字模型进行计算、分析，以及预测物理对象未来状态的过程；先觉阶段是指依托大数据技术和机器学习技术对不完整信息和不明确机理的数字模型进行计算、分析以及感知物理对象未来状态的过程；共智阶段是指通过云计算技术实现不同数字孪生模型之间的智慧交换和共同进化，并通过区块链技术进行数据资产保护的过程。

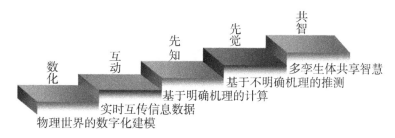

图 1-5　安世亚太公司数字孪生体成熟度模型

无独有偶，陶飞团队在《数字孪生成熟度模型》一文中从数字孪生五维模型出发，将数字孪生成熟度分为"以虚仿实（L0）、以虚映实（L1）、

---

① 参见安世亚太数字孪生体实验室《数字孪生体技术白皮书（2019）》，见 https://www.sohu.com/a/428812355_654086，最后访问时间：2023 年 3 月 18 日。

以虚控实（L2）、以虚预实（L3）、以虚优实（L4）、虚实共生（L5）"六个等级，具体如图1-6所示。① "以虚仿实（L0）"阶段指的是数字孪生处于其成熟度的第零等级，该阶段利用数字孪生模型对物理实体进行描述和刻画；"以虚映实（L1）"阶段指的是数字孪生处于其成熟度的第一等级，该阶段利用数字孪生模型实时复现物理实体的实时状态和变化过程；"以虚控实（L2）"阶段指的是数字孪生处于其成熟度的第二等级，该阶段利用数字孪生模型间接控制物理实体的运行过程；"以虚预实（L3）"阶段指的是数字孪生处于其成熟度的第三等级，该阶段利用数字孪生模型预测物理实体未来一段时间的运行过程和状态；"以虚优实（L4）"阶段指的是数字孪生处于其成熟度的第四等级，该阶段利用数字孪生模型对物理实体进行优化；"虚实共生（L5）"阶段指的是数字孪生处于其成熟度的第五等级，该阶段的物理实体和数字孪生模型在长时间的同步运行过程中，甚至是在全生命周期中通过动态重构实现自主孪生。

---

① 参见陶飞、张辰源、戚庆林等《数字孪生成熟度模型》，载《计算机集成制造系统》2022年第5期，第1267-1281页。

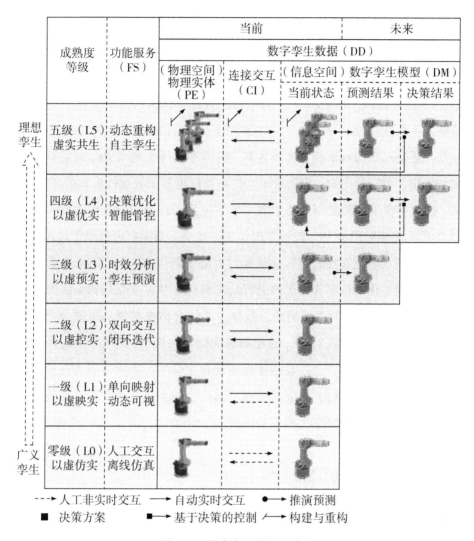

成熟度等级	功能服务（FS）	当前			未来	
		数字孪生数据（DD）				
		（物理空间）物理实体（PE）	连接交互（CI）	（信息空间）数字孪生模型（DM）		
				当前状态	预测结果	决策结果
五级（L5）虚实共生	动态重构自主孪生					
四级（L4）以虚优实	决策优化智能管控					
三级（L3）以虚预实	时效分析孪生预演					
二级（L2）以虚控实	双向交互闭环迭代					
一级（L1）以虚映实	单向映射动态可视					
零级（L0）以虚仿实	人工交互离线仿真					

理想孪生

广义孪生

- - - → 人工非实时交互　　──→ 自动实时交互　　●─→ 推演预测
■ 决策方案　　■─→ 基于决策的控制　　↗ 构建与重构

图1-6 数字孪生成熟度等级

人们在构建数字孪生模型时，应秉承的原则是依据具体业务目标要求，不追求在开始阶段就构建出理想模型，而是优先建立一个"可用的"数字孪生模型。继而随着对孪生模型的认识程度以及对业务目标的理解程度的不断深化，数字孪生模型的构建也将逐渐趋向于理想模型，即图1-4所示的 VE_3。因此，综上所述，VE_1 按数字孪生成熟度划分，处于数字孪生模型的初始阶段，即数化、互动阶段和L0、L1阶段。在该阶段的 VE_1

通过对 PE_1 进行数字化建模，并从几何、物理、行为和规则等维度对 PE_1 进行描述和刻画，实现 PE_1 与 VE_1 之间的实时动态互动。VE_2 按数字孪生成熟度划分，处于数字孪生模型的优化过程阶段，即先知、先觉阶段和 L2、L3、L4 阶段。在该阶段的 VE_2 通过实施以算法和数据为核心的"算法输入—算法处理—算法输出"的运算过程，不仅能够实现对 PE_2 的间接控制，还能基于仿真试验、推演运算、机器学习等实现对 PE_2 的解释、预测与优化，VE_2 的先知、先觉对于 PE_2 在物理世界中的运行具有重要意义；VE_3 按数字孪生成熟度划分处于数字孪生模型的理想阶段，即共智阶段和 L5 阶段。在该阶段的 VE_3 能够实现与 PE_3 在全生命周期内的同生共长，二者能够基于双向交互实时感知和认知对方的更新内容。PE_3 不断随着物理世界条件的变化而按照客观规律进行动态演化，并将变化的数据实时传递至 VE_3，VE_3 基于实时更新的动态数据，并结合历史数据和机器学习等做出有效的决策，以实现对 PE_3 的控制与优化。在这个过程中，PE_3 与 VE_3 可基于二者间的差异，通过动态重构实现自主孪生，不仅使二者在全生命周期内保持动态一致性，还能够实现不同数字孪生体之间的智慧交换和共享，最终真正实现数字孪生模型的价值。

三、数字孪生的应用价值

数字孪生以数字化的形式在虚拟空间中构建了与物理世界一致的高保真模型，通过与物理世界间不间断的闭环信息交互反馈与数据融合，能够模拟对象在物理世界中的行为，监控物理世界的变化，反映物理世界的运行状况，评估物理世界的状态，诊断发生的问题，预测未来趋势，甚至优化和改变物理世界。数字孪生能够突破许多物理条件的限制，通过数据和模型双驱动的仿真、预测、监控、优化和控制，实现服务的持续创新、需求的即时响应和产业的升级优化。从总体上来看，数字孪生的通用价值可以分为仿真与映射、监控与操纵、诊断与分析、预测与优化这四个方面。

首先，"仿真与映射"价值的实现是通过对物理对象或整个系统构建模型以对实物运行过程进行仿真分析，得到关于物理对象和整个系统运行性能的评价，验证设计方案是否满足要求，该价值可被视为数字孪生应用的基础价值。其次，"监控与操纵"价值的实现是通过连接到物理对象的虚拟模型对物理实体进行实时监控，观察物理实体外在表象下的各种内部状态，反映物理实体的实际变化，并将物理实体的隐藏信息以可视化的方式实时展示给用户。再次，"诊断与分析"价值的实现是利用数字孪生所包含的各种模型并结合实时数据，对物理对象或是整个系统进行分析，寻找潜在故障或影响性能发挥的缺陷，进行异常分析与推动，得出诊断结果并进行维护调整。最后，"预测与优化"价值的实现是指通过所建立的虚拟孪生模型在数字空间中对物理对象或是整个系统进行预测仿真，根据仿真结果来进行最优的决策，该价值可被视为数字孪生应用的高级目标，是真正能够体现数字孪生价值的所在。

基于模型、数据和服务等各个方面的优势，数字孪生正在成为提高质量、增加效率、降低成本、减少损失、保障安全、节能减排的关键技术。中国电子技术标准化研究院在发布的《数字孪生应用白皮书（2020版）》中，对数字孪生在各行业中的应用进行了梳理，归纳了数字孪生在航空航天、电力、汽车制造、油气行业、健康医疗、船舶航运、城市管理、智慧农业、建筑建设、安全急救、环境保护等11个领域、45个细分类的应用，如图1-7所示。[①] 数字孪生虽然最初是应用于航天航空等制造领域的，但近年来得益于互联网、人工智能、大数据、云计算、物联网等新兴技术的发展成熟，数字孪生也越来越由早前的工业领域融入民用领域，深入人们的生产生活中，并将带来深刻的变革。本书接下来将聚焦于数字孪生制造、数字孪生城市、数字孪生医疗、数字孪生教育等四个典型场景对数字孪生的应用价值进行深入具体的阐述，以推动数字孪生技术在今后向着更

---

① 参见中国电子技术标准化研究院《数字孪生应用白皮书 2020 版》，见 http：//www.cesi.cn/images/editor/20201118/20201118163619265.pdf，最后访问时间：2023 年 3 月 18 日。

多应用场景进行延伸与拓展。

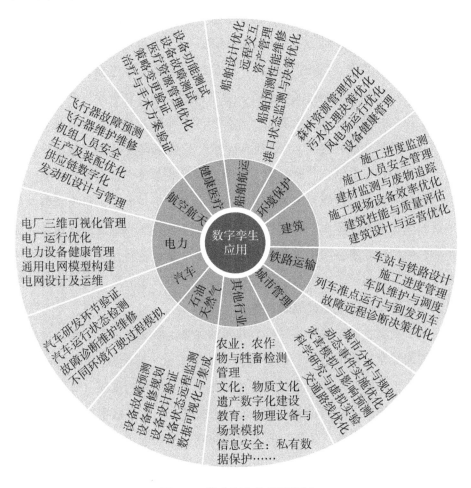

图 1-7　数字孪生的应用领域

（一）数字孪生在智能制造中的应用价值

制造业是国民经济的主体产业，也是实体经济发展的核心，智能制造是当前制造业发展的趋势所在。当前，产品全生命周期的缩短、产品定制化程度的加强以及企业必须同上下游建立起协同生态环境的要求，都迫使企业不得不采取数字化的手段来加速产品的开发速度，提高生产、服务的有效性，以及提高企业内外部环境的开放性。自数字孪生的概念被提出以来，其技术在不断地快速演化，无论是对产品的设计、制造还是服务，都产生了巨大的推动作用。今天的数字化技术正在不断地改变每一个企业。未来所有的企业都将数字化，这不只是要求企业开发出具备数字化特征的产品，更是要求通过数字化手段改变整个产品全生命周期流程，并通过数字化的手段连接企业的内部和外部环境。在这其中，数字孪生技术将越来越成为推动企业数字化转型的重要助力，促进"制造"向"智造"的全面转型升级，这具体体现在工业企业产品生产活动过程中，覆盖了产品设计、生产制造、产品使用和服务、产品报废回收的全生命周期。

在产品设计阶段的传统工业生产模式中，完成设计后必须先制造出实体零部件，才能对设计方案的质量和可制造性进行评估，这意味着成本和风险的增加。而通过建立数字孪生模型，任何零部件在被实际制造出来之前，都可以预测其成品质量，识别其是否存在设计缺陷，比如零部件之间的干扰、设计是否符合规格等；而且还能依据在虚拟空间中进行的模拟分析，找到产生设计缺陷的原因，在数字孪生模型中直接修改设计，并重新进行制造仿真，查看问题是否得到解决。在生产制造阶段，传统方式是只有当所有流程都准确无误时，才能顺利进行生产，而一般的流程验证方法是获得配置好的生产设备之后再进行试用、判断设备是否运行正常，但是到这个时候再发现问题就为时已晚，有可能导致生产延误，并且此时解决问题所需要的花费将远远高于流程早期。而基于数字孪生生产线的解决方案可以建立包含所有制造过程细节的数字产线模型，在虚拟环境中验证制造过程，发现问题后只需要在模型中进行修正即可；而且一旦设计发生变更，通过数字孪生生产线可以实现包括设计和制造人员在内的系统资源集成协同，共同来对制造环节进行更新，直到生成满意的制造过程方案。在产品使用和服务阶段，从大型装备到消费级产品，都大量采用了传感器来采集产品运行阶段的自身状态以及周边环境数据。对这些数据的分析以及对产品的实时反馈、调整与优化，可以实现一个完整的产品使用闭环。对采集的产品数据和设备数据进行监控分析，可以帮助企业预测产品设备的运行状态，在故障来临之前及时预见并给出建议解决方案，同时利用数字仿真与模拟技术协助产线型企业用户优化生产指标。采集用户使用产品时的真实数据，可以获得产品的使用反馈，洞悉用户的真实需求，改善产品，提升用户的使用体验。在产品报废回收的阶段，我们可以根据产品数字孪生系统中记录的使用履历、维修物料清单和更换备品备件的记录，以及数字仿真和模拟技术，判断各个零件的健康状态，确定不同的拆解回收方案，以实现最优的回收价值，减少浪费。

综上所述，数字孪生同沿用了几十年的、基于经验的传统设计和制造理念相去甚远。数字孪生技术在智能制造领域的应用，使得设计人员可以不用通过开发实际的物理原型来验证设计理念，不用通过复杂的物理实验来验证产品的可靠性，不需要进行小批量试制就可以直接预测生产瓶颈，甚至不需要去现场就可以洞悉销售给客户的产品的运行情况。这种数字化转变方式无疑是先进的、契合科技发展方向的，将贯穿产品的生命周期，这不仅可以加速产品的开发过程，提高开发和生产的有效性和经济性，还能精准地将客户的真实使用情况反馈到设计端，实现产品的有效改进，更能有效地了解产品的使用情况并帮助客户避免损失。

（二）数字孪生在智慧城市中的应用价值

城市发展至今还存在诸多问题，传统的发展模式弊端显现，城市的建设与发展越来越离不开数字化的赋能。构建新型智慧城市是当前国内各大城市发展的重要举措，也是新时代提升城市治理效能的必然要求。智慧城市是城市发展的高级阶段，而数字孪生城市是智慧城市建设的新起点，赋予了城市实现智慧化的重要设施和基础能力。将数字孪生技术应用到智慧城市领域，可以通过对当前的城市构建虚拟孪生城市，使得虚拟城市与物理城市间进行数据的互联互通与映射交互，这对于提升城市的规划与建设、改善城市的管理与运营、保障人们的生命和财产安全、推动构建和谐的智慧城市具有深远的价值意义。

数字孪生城市具有精准映射、虚实交互、软件定义和智能干预四大特点。精确映射是指通过在城市的各个组件中部署传感器，再结合地理信息系统、城市信息系统、楼宇信息系统以及倾斜摄影、激光雷达扫描等技术构建出映射实体城市全貌的数字孪生城市。虚实交互意味着在实现了数字孪生的城市中，城市规划、建设，以及市民的各类活动，不仅在实体空间内，也在虚拟空间内得以体现。虚实融合、虚实协同将定义城市未来发展的新模式。软件定义是指数字孪生城市针对物理城市建立相对应的虚拟数字模型，并以软件方式模拟城市的人、地、事物、组织在真实情况下的行为，可以用来优化城市规划、建设，提升城市应急相应水平等。智能干预特点则是通过在"数字孪生城市"上的规划设计、模拟仿真，对城市可能产生的状况提前智能预警，并给出处置建议，赋予城市真正的"智慧"。

数字孪生城市典型的应用场景有智能规划与科学评估、城市管理和社会治理、人机互动的公共服务、城市全生命周期协同管控等场景。要发挥数字孪生城市的"智能"作用，具体来看要完成以下三个步骤。首先，对物理世界进行全面感知是构建虚拟孪生城市的前提，随着物联网以及传感器的深度应用，在城市各角落接入传感器设备，从而实现对城市运行状态的充分感知、动态监测。其次，通过城市大数据信息的集成，可以将城市发展中所用到和生成的数据信息全面地复制到已经构建的虚拟孪生城市中，进而虚拟孪生城市能够在虚拟空间中模拟真实物理世界的行为状态。最后，虚拟孪生城市与物理实体城市进行数据实时共享，智慧城市的数据能够传输到虚拟孪生城市中，同样在虚拟空间中进行动态仿真模拟产生的数据也可以反向反馈到现实的智慧城市中，二者相互交融、协同合作，共同优化物理城市的建设，推动智慧城市更好地为人们生活服务。

在现实生活中，已经有少数城市开始进行数字孪生城市的建设。例如，杭州在城市交通方面已初步实现了数字孪生技术的应用，借助阿里云ET（evolutionary technology，进化技术）城市大脑的力量，依据现实物理城市运行的实时状态数据可以实现自动调配红绿灯，这不仅可以让 120 救护车到达现场的时间缩短一半，而且还能使该试点的普遍通行时间缩短15.3%。孪生城市交通系统对现实城市的动态监控以及二者之间的数据反馈与交互融合，大大提高了物理城市的运转效率。除此之外，构建数字孪生城市还有助于保障人们的财产生命安全。例如，当面对诸如突发的暴雨等自然灾害时，虚拟孪生城市通过对城市中的相关运营数据进行集成，可以进行相关的数据分析，以提前感知物理城市的运行趋势；同时，进行灾害的提前预测，以做好相关城市洪水应对的模拟和预报工作。在现实物理城市中进行洪水模拟十分不现实，但可以在虚拟空间中构建的虚拟孪生城市中进行模拟，以提前做好相关准备与防御工作，从而保障人们的财产生命安全。业内人士把2020年称为数字孪生城市元年，数字孪生城市赋予了实体城市新的互联网基因，通过信息技术的深度应用，给城市一个数字镜像，使不可见的城市隐形秩序显性化，城市肌体中每个毛细血管的一举一动都尽在掌握，这不仅能赋予城市政府全局规划和实时治理的能力，还能为市民带来更优质的生活体验。

（三）数字孪生在医疗领域中的应用价值

医疗行业关系到每个人的健康和疾病治疗，是民生的重要领域。当前医疗现状存在着很多发展难题，例如，医院人满为患、医疗就诊流程烦琐、医疗资源紧张等，严重制约了医疗行业的向前发展。智慧医疗是未来医疗行业发展转型的方向之一，智慧医疗将数字孪生与医疗服务相结合，能让医护人员实时获取患者的健康状况，提高医疗诊断效率，降低操作成本并改善患者体验。数字孪生技术通过构建医院的数字孪生体，利用各种传感器设施以及数字化系统的建设，能让病人以最短的流程完成就诊，提高医生的诊断准确率，发挥预测、预警病人身体状况的作用，实现对医生远程会诊等现代化医疗技术手段的应用。对于人类自身，也存在构建与生物人体相对应的虚拟人体的可能性，这对于改善人们身体健康质量、提高手术成功率、促进医疗事业进步具有重大价值意义。人作为一个特殊的

"物理实体"，和一般的工业产品不同，每个人都有其特殊性，其身体素质、生活习惯、环境、心理等都会影响到身体健康，身体的各项检查指标能大致反映人的健康状况。要构建一个关于"人"的数字孪生体具体可以分为以下三个步骤。

首先，通过新型医疗检测设备可以对生物人体进行全方位的检测以完成数据采集。其次，基于采集的多时空尺度、多维数据，通过建模完美地复制出虚拟人体。其中，模型的建立是构建虚拟人体的关键之一，同时，人类作为复杂的生物体，其虚拟模型的构建需要很多层面的展现：例如，体现人体外形的几何模型，体现肌肉、神经等物理特征的物理模型，体现脉搏、心率等生理数据的生理模型，以及人体的生化指标模型，等等。最后，生物人体与虚拟人体之间的数据能够进行双向的交流互动，从而为保障生物人体的健康运行提供更好的解决方案。生物人体发生的实时数据能够反馈更新到数字虚拟人体中，以便数字虚体更好地对生物实体进行实时监测；同样，虚拟人体也可以突破很多物理条件的限制，发挥其在虚拟空间中对虚拟人体进行仿真实验的优势，例如，想了解新药物或新手术方案的治疗效果，可率先在虚拟人体中进行虚拟药物和手术实验。除此之外，虚拟人体还可以依据现有数据和历史数据的融合进行分析预测，从而为生物人体未来的健康发展提出优化建议。医疗领域下对生物人体的虚拟人体构造，最重要的一环便是虚实数据间的实时精确连接，高效实时的数据反馈与交互有助于提高诊断准确性、手术成功率，为人们提供更多医疗保障，以及推进医疗事业的进一步发展。数字孪生在医疗领域的创新在现实生活中也迈出了重要一步。法国达索系统公司的"生命心脏"项目，通过虚拟现实技术已经成功构建了 3D 版的心脏模型，构建的虚拟心脏能够模仿人类心脏运行的真实动作，这将会对实时监测个人心脏健康和解决心血管疾病产生重要意义。

综上所述，医疗健康管理的数字孪生使用传感器监控患者并协调设备和人员，提供了一种更好的方法来分析流程，并可以在正确的时间，针对需要立即采取行动来提醒相关人员。

数字孪生技术在医疗领域中的应用不仅能够对生物人体构建孪生模型，也能够对医疗设备和医院实体进行孪生模型构建。通过数字孪生所构建的生物人体模型、医疗设备模型和医院实体模型，不仅能让医护人员进行虚拟手术验证和训练，开展专家远程会诊，加快科研创新向临床实践的转化速度；更可以通过智能穿戴设备打造的数字孪生体结合大量医学数据自动判别患者的疾病并给出对应治疗，无须往返医院。如果真的需要前往医院治疗，医疗数字孪生体可根据当前院内车流数据、排队病患数据给出最佳的前往时间，极大地减少患者就医等待的时间，并且医生可直接参考智能穿戴设备提供的数据，能缩短患者检查时间、增加临床诊断的准确性，促进医疗行业的快速发展。

（四）数字孪生在教育领域中的应用价值

在以往的课堂教学中，人们大多数借助的是实体学习空间，个别课程可能还会应用到虚拟学习空间和自然学习空间，各类学习空间的优势互补可以促进有效学习，但其始终未能达成这三类学习空间的跨越与融合。当前，我国的课堂教学经历了依赖实体或自然学习空间的 1.0 阶段、依托虚拟学习空间的 2.0 阶段、虚实简单交互学习的 3.0 阶段，正向着智能技术支持学习的 4.0 阶段迈进，数字孪生技术作为这一环节重要的技术支持，其在教育领域中的应用将会加快推进教育改革，促进教育转型发展。当前，学术界有很多围绕数字孪生与教育结合的研究，本书对其进行了一定的梳理，希望通过归纳来阐明数字孪生在教育领域中的应用所产生的价值。

数字孪生技术在教育领域的应用首先促进了教学环境和教学方式的革新。在《智能实训教学何以可能：基于数字孪生技术的分析》一文中，作者概括了基于数字孪生技术的智能实训教学体系的三个阶段：一是教学准备阶段，通过精准构建学生画像，规划与模拟教学过程；二是教学实施阶段，通过搭建协同工作环境，精准推送实训课程资源；三是教学评价阶段，采用数据驱动的伴随式评价，提供可靠有效的反馈。基于数字孪生技术的实训教学具有创造虚实无缝连接的映射空间、实时监控实训教学进展、实现虚实动态交互与人机实时交互及迭代优化实训教学等价值。① 数字孪生作为虚实等体、信息同步和交互聚敛的虚实共生系统，得到了教育研究者的关注，但是，目前数字孪生的教育应用还局限于技术优势勾勒，未能聚焦学习者的高阶思维能力培养。《面向高阶思维能力培养的数字孪生智慧教学模式》一文阐述了数字孪生智慧学习空间由虚实共生空间及资源、信息传输系统、智慧大脑系统、教与学支持系统等核心要素构成，应当在遵循整体性、智能性、探索性、融合性原则的基础上，从物理空间、云端服务和数字空间三个逻辑层次进行结构设计。数字孪生智慧学习空间能够支撑具有跨时空高保真体验、分布式跨区域协作、虚实共生数据驱动、面向设计的真实学习等特征的学习活动。基于数字孪生技术构建数字孪生智慧学习空间，有望实现各类学习空间的一体化，为学习者具身探究自然与社会和高阶思维发展提供支持。作者根据数字孪生和高阶思维的特点，提出了面向高阶思维能力培养的数字孪生智慧教学模型。数字孪生智慧系统桥接着物理世界与智慧教室，是一个虚实融合、数据共生、具身探索、智能教育、脱域参与的智能学习系统。数字孪生具有培养高阶思维能力的独特优势，将数字孪生应用到教育领域有助于创建复杂的问题解决环境、提供可验证的智慧功能以及创设信念形成的反思语境。②

　　数字孪生技术在教育领域的应用也促进了学习者的迭代更新。《从数字画像到数字孪生体：数智融合驱动下数字孪生学习者构建新探》一文分析了数智融合驱动下学习者画像的转变，即学习者画像实现了从"AI+大

---

① 参见范小雨、郑旭东、郑浩《智能实训教学何以可能：基于数字孪生技术的分析》，载《职教通讯》2020 年第 12 期，第 26-31 页。

② 参见李海峰、王炜《面向高阶思维能力培养的数字孪生智慧教学模式》，载《现代远距离教育》2022 年第 4 期，第 51-61 页。

数据+学习分析"加持下的学习者数字画像向"AI＋5G＋XR（extended reality，扩展现实）"与全息技术支撑下的数字孪生学习者的迭代更新。数字孪生学习者具有高度仿真、动态映射、虚实共生、迭代进化和智能应用的特征，可实现刻画学习者画像、仿真学习过程、预测学习发展、生成学习结果和共享学习智慧的功能，能为"AI+学习者"呈现更精确的学习过程分析、更精准的学习内容推送、更科学的学习评价与无边界的学习生态，并助力学习者进行学习资源共享、学习行为调整、学习兴趣提高、学习体验改善、学习效率提升。[1]《认知数字孪生体教育应用：内涵、困境与对策》一文提出了一种"认知数字孪生体"的概念。认知数字孪生体通过对认知实体整个生命周期内的多元异构数据采集分析，创建高度仿真、动态仿真的智能数字模型，以模拟、延伸和扩展人的认知能力，进而达到人机共生的目标。认知数字孪生体作为人工智能系统在教育领域应用的典型，与学习者紧密结合，最终形成一种共生自治的关系。认知数字孪生体受数据驱动，在对学习者认知活动的全域感知的基础上，构建与认知实体虚实交互的映射，从而为学生、教师、管理者提供个性化教学与科学管理服务。[2]

---

[1]　参见艾兴、张玉《从数字画像到数字孪生体：数智融合驱动下数字孪生学习者构建新探》，载《远程教育杂志》2021 年第 1 期，第 41-50 页。

[2]　参见郑浩、王娟、王书瑶等《认知数字孪生体教育应用：内涵、困境与对策》，载《现代远距离教育》2021 年第 1 期，第 13-23 页。

第二章

数字孪生的认知与伦理研究

对数字孪生的认知与伦理研究进行整体把握，有助于开展对数字孪生伦理内容的研究。数字孪生技术在"虚拟认识"的哲学思想基础上，经历了一个"萌芽开端—技术集成—落地应用"的发展演变历程。数字孪生认识是有别于以往虚拟的认识与实践的三元认识关系，其具有提供观察世界新视角、转变人类思维与解释世界的方式、消解复杂事物不确定性、提高人类认识能力等认知价值。本书将数字孪生伦理内容的研究从整体划分为"数字孪生伦理问题"和"数字孪生伦理规制"两大类别，具体从"数字孪生技术本身"和"数字孪生技术应用"两大视角展开。本书聚焦于数字孪生技术本身的算法和数据伦理与数字孪生人、数字孪生工程与数字孪生医疗等几大应用伦理，具体内容详见第三章至第十章。

数字孪生在为社会带来技术革新和促进人类生活幸福的同时，也引发了一系列的伦理问题。本书在第一章中已经对数字孪生从其技术相关和应用价值层面进行了整体认知，本章从认知演变、认知本质与认知价值角度对数字孪生开展认知研究，二者共同为数字孪生伦理研究奠定了技术层与认知层的基础。一系列带有哲学意蕴的虚拟性思想的演变发展为数字孪生概念的提出与落地应用提供了关于"虚拟"的认知基础，数字孪生技术本身蕴含的"虚拟"特征，使得对其伦理问题和伦理规制的探讨也具有个性特征。有关数字孪生伦理内容的研究主要围绕"技术本身"和"技术应用"两个视角展开相关伦理问题的探究和相应规制路径的制定。

一、数字孪生的认知研究

（一）数字孪生的认知演变

1. 数字孪生的哲学思想溯源

就数字孪生概念本身而言，无论是"数字"还是"孪生"，其本质上都包含着"虚拟"这一概念。数字孪生是通过技术的手段在数字化空间中构建"现实"实体的"虚拟"模型。我们通常认为的数字孪生是依据现实实体，在已有现实实体的基础之上才构建而成的。但随着数字孪生概念的演变，这种"虚拟"也可以发生在现实实体诞生之前，例如，在生产制造领域，可以在产品概念设计环节（而非根据实际生产出来产品的环节）就在数字化平台先构建出一个虚拟孪生体，并依据客户需求或是实际情况对其外观以及参数等信息进行相应的修改。数字孪生这种本质上有关"虚拟"概念的体现对我们当今社会的生产生活具有重要的影响意义与应用价值，因此，本书对"虚拟"这一概念进行了哲学思想的溯源，以期对数字孪生的认知基础、认知演变进行一定意义上的整体把握，从而推动数字孪生的进一步落地发展。

　　尽管当下对虚拟概念的含义有各种不同的解释，但人们普遍认为虚拟是一个矛盾着的存在，它指向的是虽然"并非实体存在"但却"真实发生"的一种状态。从哲学视角来看，虚拟概念的演变离不开对虚拟性思想的认识与理解，虚拟的表现形式大多围绕抽象思维、想象模仿、观念形式与真实效力、符号表示与感官延伸而展开。无论是从古希腊到中世纪的哲学，还是从近代到现代的人类哲学史，每个时期都闪耀着无数先贤对虚拟性的思考。回顾不同哲学发展时期所涉及的虚拟性思想，对于我们探究虚拟概念的演变以及对数字孪生虚拟本质形成更为深刻的认识具有重要价值。

　　当我们追溯到古希腊时期，哲学家毕达哥拉斯（Pythagoras）的"万物皆数"理论可以算作虚拟性思维的起点。他认为"数"是先于一切事物而存在的，万物都可归结为数。在此之前的哲学家大多都将水、火、气等作为世界的本原，而毕达哥拉斯则认为数是万物的本原，将世界的本原抽象化。这一观点的提出使得人们开始进行超越单纯感性思维的抽象思考，这也成了虚拟广义上包括人类最初抽象思维的起点；紧随其后的柏拉图（Plato）的"理念论"与亚里士多德（Aristotle）的"艺术观"对虚拟性的思考有了更进一步的认识。柏拉图的"理念论"谈及了三个层次的划分：处于第一层的是"理念"，同时可将其视为"真正的实在"；处于第二层的是"自然实体"，其作为可感事物，是因为"分有"了同名理念或是对同名理念进行"模仿"而产生的；处于第三层的是"艺术品"，柏拉图认为艺术品是对自然实体的模仿，而自然实体不过是理念的"派生"。[①] 因此，对于柏拉图而言，艺术品不是知识之源，甚至不是关于真实世界中对象的可靠反映。我们在某种程度上可以将此理解为，柏拉图所认为的"模仿"不能为我们提供任何知识，其实际上是一种倒退，而不是进步。亚里士多德的"艺术观"同样认为艺术品是以自然实体为模型，对自然实体的

————————

　　① 参见胡小安、郑圭斌《"虚拟"的哲学内涵探析》，载《科学技术哲学研究》2009年第4期，第51—56页。

模仿。但与柏拉图不同的是，他认为模仿是人与生俱来的学习能力，模仿的过程也是学习的过程，而且这种学习是一种进步，而非退步。但无论是柏拉图的"理念论"还是亚里士多德的"艺术观"，他们所揭露的"模仿"的思想对我们今天关于"虚拟"的认识具有很大的启发意义，例如，当前我们所接触到的虚拟认识中的一部分客体也是以自然实体为模型，对自然实体进行的模拟。

中世纪时期，基督教中有关圣餐的争论引发了"现实的真"和"虚拟的真"之间的争论。在马丁·路德（Martin Luther）与茨温利（Zwingli）的论辩中，马丁·路德将圣餐的本质概括为"上帝的话语或应许，伴随着神圣的记号，即饼和酒在其下基督的身体和血真实临在"。他认为，每一次的圣餐，主的神灵都是真的降临；而以茨温利为代表的改革派认为，圣餐只是一个符号，象征着主的身体，但并非真的是主的身体，主张圣餐的功能是对耶稣基督受难的一种"纪念"。处于同时代的神学家兼逻辑学家约翰·邓斯·司各特（John Duns Scotus）对"虚拟"一词所做的哲学概念的解释可以理解为是在一定程度上对基督教中关于圣餐"现实的真"与"虚拟的真"的争论做出的回应。他认为，事物的概念不是以形式的方式（例如，面饼和葡萄酒具有实物形态，但人们将其赋予特定含义），而是以产生某种效果的内在力量或者能力的方式来涵盖其经验性的内容（赋予特定意义的面饼和葡萄酒不同于经验意义上的实物形态，其产生的效果如同耶稣真的降临一般）。由此，约翰·邓斯·司各特试图用"虚拟"这个词来沟通形式上统一的实在和人们杂乱无章的经验之间的鸿沟。①

近代，戈特弗里德·威廉·莱布尼茨（Gottfried Wilhelm Leibniz）的"单子论"和算术逻辑思想为虚拟性思想的发展以及后来虚拟技术的诞生奠定了重要的理论基础。他认为，全部的人类知识都可用字母表达出来，凡是认识字母表的人就能判断事物。莱布尼茨将单子定义为没有广延，没

---

① 参见彭虹、肖尧中《演化的力量——数字化语境中的虚拟实在》，载《四川大学学报（哲学社会科学版）》2011 年第 1 期，第 85-91 页。

有重量，实在存在、单纯的没有部分的"点"，这就相当于我们虚拟技术中"符号"。莱布尼茨提出的二进制运算法则，构想了一套能以思想的速度进行操作的符号系统，并认为整个世界就是一套计算系统。这套系统连同"计算"的概念，不仅为计算机的现代发展奠定了坚实的基础，同时也成了虚拟思想"数字化"概念的肇始。

到现代，马丁·海德格尔（Martin Heidegger）的"存在论"和马歇尔·麦克卢汉（Marshall McLuhan）的"媒介思想"为虚拟提供了哲学依据。海德格尔认为，自我的存在是先于任何外部事物的存在而存在的，自我存在是在先的，只有自我存在才能认识外部事物。在虚拟技术的认识论中，我们通常认为虚拟认识主体的存在是在先的，认识对象即认识客体是被主体所创造的。麦克卢汉提出的"媒介即信息"理论，认为媒介是人的器官的延伸，他曾预言信息会随着计算机和媒介技术的发展，迅速地传播到每一个角落，使整个世界成为一个"真实"的地球村。如今，计算机技术与虚拟技术的发展无不是对麦克卢汉"媒介信息"理论的验证，整个世界都被信息围绕连接，我们的感官不断被媒介所延伸，而且仍在向更深化的方向发展。

古希腊时期，哲学家毕达哥拉斯的"万物皆数"理论将世界的本原抽象化，可以算作虚拟性思维的起点；紧随其后的柏拉图的"理念论"与亚里士多德的"艺术观"中所揭露的"模仿"的思想对虚拟有了更进一步的认识。到中世纪时期，基督教中有关"圣餐"的争论引发了"现实的真"和"虚拟的真"之间的争论，而处于同时代的神学家兼逻辑学家约翰·邓斯·司各特对"虚拟"一词所做的哲学概念的解释可被视为对争论做出的回应——"事物的概念不是以形式的方式，而是以产生某种效果的内在力量或者能力的方式来涵盖其经验性的内容，从而沟通形式上统一的实在"，这就实现了"现实的真"与"虚拟的真"的内在的统一。到近代，莱布尼茨提出的"单子论"和"二进制运算法则"更进一步深化了虚拟思想的发展，并为后来虚拟技术的诞生奠定了重要的理论基础。而到了现代，海德格尔的"存在论"揭示了自我存在是认识事物的前提,麦克卢汉的"媒介思想"则指出我们的感官不断被媒介所延伸。这些带有哲学意蕴的虚拟性思想的不断演变发展,为虚拟概念的形成奠定了思想基础,也为数字孪生概念的提出与落地应用提供了关于"虚拟"的认知基础,而数字孪生概念的提出同时也为虚拟概念的发展演变赋予了新的时代诠释。

2. 数字孪生的发展简史概述

"数字孪生"这一概念是在上述"虚拟概念"的演变发展与"现代技术"的革新应用的基础上被提出的。数字孪生的发展简史如图 2-1 所示。自 20 世纪 70 年代起,美国实施的阿波罗计划中构建的两个航天飞行器就可以被视为数字孪生概念的早期实践应用,只不过受限于相关技术的发展,当时的孪生体还是以实物形式呈现的;而通常意义上认为的数字孪生概念,最早是指由迈克尔·格里夫斯教授于 2003 年提出的"镜像空间模型"(mirrored spaced model);2006 年,美国国家科学基金会首先提出了"信息物理系统"的概念,搭建起了信息空间与物理系统互动的平台,为数字孪生体的构建及实现数字孪生系统打下了坚实的基础;2009 年,美国空军研究实验室提出了"机身数字孪生体"的概念,这意味数字孪生首先被应用于航空航天领域;2010 年,NASA 起草了两份空间技术路线图(路线图于 2012 年对外公布),这两份路线图正式使用了"数字孪生"这一概念;2011 年,格里夫斯教授在《几乎完美:通过产品全生命周期管理驱动创新和精益产品》一书中将前述"镜像空间模型"正式命名为"数字孪生";同年,美国国防部提出利用数字孪生技术来进行航空航天飞行器的健康维护与保障;2012 年,NASA 与 AFOSR(美国空军科学研究办公室)联手发布了《未来 NASA 和美国空军车辆数字孪生体范式》一文,给出了数字孪生的定义;2013—2017 年,随着大数据、云计算、人工智能、物联网等新一代信息技术以及建模仿真技术的发展,对数字孪生的研究迎来了爆发性的增长,相关应用也在不断落地中。

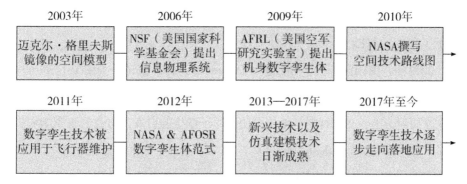

图 2-1 数字孪生发展简史

2003 年，美国密歇根大学的迈克尔·格里夫斯教授曾针对产品全生命周期管理提出过"物理产品的数字表达"的概念，[①] 并指出，物理产品的数字表达应能够抽象地表达物理产品，能够基于数字表达对物理产品进行真实条件或模拟条件下的测试，这一过程旨在刻画某种产品全生命周期过程中真实空间和虚拟空间之间的映射。虽然这一概念在 2003—2005 年被称为"镜像空间模型"，在 2006—2010 年被称为"信息镜像模型"（information mirroring model），还未被明确表述为"数字孪生"，但其概念模型已经蕴含了物理实体、数字虚体以及二者在物理空间与虚拟空间中的映射与连接，因此可以视其为数字孪生概念的雏形。

2006 年，NSF 首先提出了信息物理系统（cyber-physical system，CPS）的概念，[②] CPS 由感知层、网络层和控制层三部分组成，作为计算进程和物理进程的统一体，是集计算、通信与控制于一体的下一代智能系统。信息物理系统通过人机交互接口实现和物理进程的交互与反馈，使用网络化空间以远程的、可靠的、实时的、安全的、协作的方式来操控一个物理实体，使物理系统具有计算、通信、精确控制、远程协作和自治功能。CPS 概念的提出，使得物理设备能够连接到互联网上，从而搭建了信息空间与

---

① M. Grieves. "PLM—Beyond Lean Manufacturing", *Manufacturing Engineering*, 2003, 130（3）：23-25.

② 参见郭楠、贾超《〈信息物理系统白皮书（2017）〉解读（上）》，载《信息技术与标准化》2017 年第 4 期，第 36-40 页。

物理系统之间互动的平台，这为数字孪生体的构建及数字孪生系统的实现打下了坚实的基础。

2009 年，美国国防科学办公室（Defense Sciences Office，DSO）举办了一场未来制造研讨会，NASA、AFRL、AFOSR 以及各大学机构的代表参与其中。在这次研讨会上，受到材料微结构中使用原子孪生的启发，与会的专家学者提出了"数字孪生体"（digital twin）① 的概念。其中，AFRL 还提出了"机身数字孪生体"（airframe digital twin）的概念，该项目由帕梅拉·科布伦、埃里克·蒂格尔（Eric Tuegel）和道格·亨德森（Doug Henderson）三人负责指导和管理，于 2013 年开始对外招标，2016 年提交项目成果。②

2010 年，NASA 首席技术专家办公室起草了两份空间技术路线图，即《建模、仿真、信息技术和处理》和《材料、结构、机械系统和制造》，其中明确提出了 NASA 在 2027 年实现数字孪生体的发展目标，也正是在这两份空间技术路线图中，"数字孪生"（digital twin）这一名称正式开始被使用。③这两份空间技术线路图于 2012 年正式对外公布，并于 2015 年和 2020 年进行了更新，其中更加明确了数字孪生体的发展目标。

2011 年，美国密歇根大学的迈克尔·格里夫斯教授与 NASA 的约翰·维克斯（John Vickers）在合著的《几乎完美：通过产品全生命周期管理驱动创新和精益产品》一书中，将前述的"信息镜像模型"正式命名为"数字孪生"（digital twin）。④ 同样在 2011 年，美国国防部提出，将数字孪生技术用于航空航天飞行器的健康维护与保障，即在数字空间中建立真实飞机的模型，并通过传感器实现与飞机真实状态完全同步，这样每次飞行

---

① 目前学界对"数字孪生"（digital twin）的概念还未完全达成统一共识，因此有学者也会用"digital twin"来表示"数字孪生体"概念；而且，此处与会者提出的概念确为"数字孪生体"。
② 参见胡权《数字孪生体：第四次工业革命的通用目的技术》，人民邮电出版社 2021 年版，第 14—19 页。
③ 参见刘震《数智化革命——价值驱动的产业数字化转型》，机械工业出版社 2022 年版，第 91 页。
④ M. Grieves, J. Vicker. *Digital Twin: Mitigating Unpredictable, Undesirable Emergent Behavior in Complex System*, Berlin: Springer, 2017.

后，便可以根据结构现有情况和过往载荷，及时分析评估是否需要维修，能否承受下次的任务载荷等。[①]

2012 年，在"第 53 届结构、结构动力学和材料大会"上，NASA 的爱德华·H. 格莱斯根（Edward H. Glaessgen）和 AFOSR 的戴维·S. 斯塔格尔（David S. Stargel）做了关于"数字孪生"的发言，并发布了他们撰写的《未来 NASA 和美国空军车辆数字孪生体范式》一文。[②] 其中明确将数字孪生定义为"充分利用物理模型、传感器更新、运行历史等数据，集成多物理量、多尺度、多概率的航天飞行器或系统的仿真过程，在虚拟空间中完成映射，从而反映相对应的实体装备的全生命周期过程"。

2013 年，美国空军发布了《全球地平线》顶层科技规划文件，在这一文件中，将数字孪生和数字主线视为"改变规则"的颠覆性机遇。与此同时，人工智能技术在 2015 年迎来了突破元年，基于数据驱动的智能机器深度学习算法越来越成熟。2016 年和 2018 年，《GB/T 33474—2016 物联网　参考体系结构》《ISO/IEC 30141—2018 物联网　参考体系架构》相继发布，移动互联逐渐向智能互联转变。2017 年，系统建模语言 SySML1.4 成为国际标准，仿真模拟技术逐渐深化。互联网、大数据、云计算、人工智能、物联网、可视化等新兴技术的发展以及建模仿真技术的不断成熟，推动了数字孪生技术的落地应用。

2017 年，美国知名咨询及分析机构 Gartner 将数字孪生技术列入了当年十大战略技术趋势之中，认为它具有巨大的颠覆性潜力，未来 3～5 年内将会有数以亿件的物理实体以数字孪生状态呈现。2017 年，由北京航空航天大学等高校发起的国内"第一届数字孪生与智能制造服务学术研讨会"召开，共同研讨如何实现制造的物理与信息世界的互联互通与智能化

---

① E. J. Tuegel, A. R. Ingraffea, T. G. Eason, et al. "Reengineering Aircraft Structural Life Prediction Using a Digital Twin", *International Journal of Aerospace Engineering*, 2011.

② E. Glaessgen, D. Stargel. "The Digital Twin Paradigm for Future NASA and U. S. Air Force Vehicles", Proceedings of the 53rd Structures Dynamics and Materials Conference. Special Session on the Digital Twin. Reston：AIAA, 2012：1-14.

操作。2019 年，全球第一个数字孪生体行业组织"数字孪生体联盟"成立，并提出了"数字孪生体 2020+计划"，展望未来 10 年数字孪生体产业化机遇。至此，数字孪生已经被广泛应用于航空航天、智能制造、智慧城市、医疗健康、智能家居等领域。

（二）数字孪生的认知本质

人们对世界的认识总是要借助于一定的中介系统才能完成，数字孪生作为中介，为人们进行认识与实践活动提供了新的观察视角。数字孪生的形成伴随着人们认识能力的提高与主观能动作用的发挥，而对数字孪生认识的发生、认识的本质进行深入探究，有助于深化人们对数字孪生的认识，进一步提高认识能力，从而更好地指导现实实践活动。

1. 数字孪生认识的发生

新事物的出现往往是由于人们对于当前已经存在的状态产生了更高层次的要求，或者有了更好的解决方案。数字孪生也不例外，其形成过程伴随着人类认识的深化与主观能动作用的发挥。当今世界发展日新月异，市场环境变幻莫测，加之竞争愈演愈烈，传统的"实体试错法"已难以满足竞争的需要，基于数字仿真的"模拟择优法"应运而生。例如，当一家制造企业在生产经营过程中有一台大型设备需要检修时，在以往人类的认识能力与现实条件下，需要工厂停工并安排专业人员进行实地的排查检测。这其中需要进行多方面的考虑，如设备检修造成的停工损益、设备本身构造复杂造成的实地检修困难等问题。对于企业来说，使用检修人员实地检测设备的这种传统的"实体试错法"需要承担相当大的成本，这无疑会降低企业的竞争力。于是，人们越来越希望能够形成一种与现实世界物理实体相对应的虚拟实体，使其在虚拟空间中便能够实现对物理实体对象的模拟、诊断、预测、决策，并使虚拟孪生体与物理实体之间能够实现数据实时反馈，形成可以连接数据通道、相互传输数据和指令的交互关系。伴随着人类认识能力的提高与主观能动作用的发挥，数字孪生技术由此应运而生。于是，当再遇到设备需要进行检修的情况时，检测人员便可以通过在数字孪生体中进行与现实世界物理实体相对应的"模拟检测"，并依据生成的数据反馈来判断现实实体设备的情况，最后再由检修人员有针对性地进行实地检修。这样会大大提高检修效率，甚至在这个过程中都无须停工，这也有利于为企业节约成本，使企业提高竞争力。

与此同时，数字孪生技术的场景落地应用反过来也促进了人们对现存世界的进一步认识。人们对世界的认识总是要借助于一定的中介才能完成，陈志良先生在《虚拟：人类中介系统的革命》一文中指出，人类思维中介系统发生过"行为中介、语言符号中介、数字化中介"三次革命。在语言符号还未诞生的远古人类时代，人们对世界的认识发生于行为中，人类的思维中介首先是行为思维；经过人类不断地进化和漫长时期的积淀，语言符号的发明使得人类打破了行为思维的束缚，创建了一个新的思维空间，形成了语言符号思维，在这个空间中，想象力、抽象力、创造力等思维的重要因素得以产生；[1] 在当代，随着计算机的诞生与其他现代科学技术的发展，人们已经能够把现实世界中的真实事物演绎成数字化的形式，把一个真实的世界和真实的事物移到由计算机建构起来的数字化世界中，并在这个崭新的虚拟空间中发挥着与它们在现实世界中具有同等效能的作用。[2] 正如陈志良教授指出的那样，在我们时代，人们对于世界的认识逐渐由语言符号转向通过特定的 0-1 数字方式去表述和构成事物以及关系，这就是人类思维中介发生的第三次革命——数字化思维。数字化思维在人类的思维空间中又升华出了数字空间、视听空间，同时形成了数字化平台。我们不难发现，人类思维中介系统的变革是一个肯定—否定—否定之否定的扬弃过程：从人类最初的"行为便是思维"，发展到语言符号阶段

---

① 参见陈志良《虚拟：人类中介系统的革命》，载《中国人民大学学报》2000 年第 4 期，第 57-63 页。

② 参见李田田《人的现实生存和虚拟生存》，载《山东教育学院学报》2009 第 2 期，第 76-78 页。

的"思维便是思维",直到当下数字时代的"思维也是行为"。在这一演变发展过程中,人们借助思维中介系统加深了对世界的认识,并且,对数字孪生的认识正是在前述思维中介演变发展的基础上得以实现的。人们借助数字化中介系统,在数字空间构建了一个与现实物理实体相对应的数字孪生体,同时将自己有目的或无目的的思维方式和意识活动加入数字孪生体中,使其按照自己的意志来进行虚拟实践活动,其产生的结果会反馈到认识主体那里,并为认识主体改造现实世界、进行现实实践活动提供指导。

2. 数字孪生认识的本质

在传统认识论中,对现实的认识过程是主体感知客体的过程,是主体与客体相互作用的过程。这其中的认识客体是在被引入主体的认识范围时所指向的对象,其最大的特征是具有客观实在性,是不以人的意志为转移的;不同于现实认识,虚拟认识过程中的认识客体是由程序员通过编程所表现的信息体,其中包含了设计者对现实客体的主观性认识;而对数字孪生的认识是一种更为特殊的虚拟认识,以往的虚拟认识是主体对虚拟客体的认识与实践的二元关系,而数字孪生的认识是关涉主体对现实客体以及现实客体的虚拟孪生体的认识与实践的三元关系。值得注意的是,数字孪生虽然是在数字空间中构建客观实体的虚拟孪生体,从而完成对现实世界物理实体的映射,但这种映射绝不是"单向"的简单映射表现,也绝不仅仅局限于是对客观事物的"客观"映射表现。数字孪生认识三要素中的认识主体、现实客体、现实客体的虚拟孪生体之间存在着特殊的认识与实践关系,首先表现在虚拟孪生体不是对现实客体的"单向"简单信息模拟,而是能够对物理世界中的现实客体发生"能动反作用"的一种相对独立的实在;其次表现在虚拟孪生体不是对客观事物的"客观"映射,而是认识主体之于虚拟孪生体,是包含着"人的意志内化作用"的主观与客观的统一。[①]

[①] 参见于金龙、张婉颉《数字孪生的哲学审视》,载《北京航空航天大学学报(社会科学版)》2021年第4期,第107-114页。

首先，虚拟孪生体不只是从现实客体中进行信息模拟，同时还能对现实认识产生反作用，这是一种"双向"的作用与反作用形式。它可以被概括为"现实性认识论是虚拟性认识论产生的前提，并且虚拟化的认识最终还要再回到现实性中去"。数字孪生体是对现实世界中物理实体的精准映射，而现实世界中的认识客体是自然界或人类社会的产物，其必然要受到现实客观条件的限制，也必然要遵循一定的运行规律，这就意味着，源于对现实物理实体进行仿真的数字孪生体也要符合客观规律并要在一定程度上反映规律。在数字孪生认识中，认识主体与认识客体、认识主体与虚拟孪生体、认识客体与虚拟孪生体之间充盈着实时的动态交互与反馈过程，虚拟孪生体被赋予认识客体的实时数据信息，通过其内部操作运行，加之认识主体的价值判断，虚拟孪生体越来越能够真实地反映认识客体（即现实物理实体）的规律与本质，这对于提高认识主体的认识水平，更好地指导人们进行实践具有重要意义。由此，我们可以较为清晰地认识到，人们对于数字孪生认识的起点源于现实世界中的物理实体，经过认识主体对虚拟孪生体付诸主观意识作用后，再次回到现实实践当中。

其次，虚拟孪生体不是对客观事物的"客观"映射表现，认识主体的主观意识介入了虚拟客体认识的全部过程，体现了人类的能动性与创造性。在数字孪生体构建之初，由于认识主体本身的认识能力具有现实局限性，从而导致对于孪生数据的选取以及对物理对象的刻画只能是认识主体主观能够感知到的内容，同时，对数字孪生体的构建以及对初始条件的设置无不体现着设计者的主观意识，因为不同的设计者实际上是处于不同的认知视角与价值立场之中的，他们会依据既定的目标需求和价值标准，使数字孪生体按照自我的意图生成并发展，从而满足对既定目标功能的需要。在认识数字孪生体的过程中，为了对复杂现象进行概括、选取和处理，从而做出"最优选择"，只能提前设定判别标准，而标准的制定是以认识主体的价值判断为依据的，包含了人的主观意识作用。例如，当依据数字孪生体数据信息设计的实际物理对象的运行效果达不到设计者和使用者的期望或产生负面效果时，我们就可以认为该物理对象出现了故障，故障的发生本质上就是与主体认知发生背离的情况。而随着人们认识能力的提高，故障问题的数据会被记录反馈，随后通过人为干预使得物理对象逐渐满足原定预期，这个过程中主体的认知能力、价值判断与标准选择起了很重要的作用。

（三）数字孪生的认知价值

综上所述，数字孪生的认识发生在以技术为中介系统下的主观与客观的统一之中，数字孪生认识的本质是包含人的主观意识作用在内的主观与客观的统一，是能够对物理世界中的认识客体产生能动反作用的一种特殊的认识。而正是由于数字孪生认识是一种不同于其他认识的特殊认识，从其本质上审视数字孪生的认知价值，我们可以总结为如下四点：首先，数字孪生通过对物理对象进行多维多时空尺度的刻画构建了孪生虚体，为人类提供了一个观察世界的新视角；其次，数字孪生能够通过数据反馈与不断累积，经过数次的迭代优化，对消解复杂事物中的不确定性具有重要帮助；再次，数字孪生认识使人们以往认识的二元关系发生了转变，加之孪生虚体与物理实体之间进行的虚实融合，使得人们的思维方式和解释世界的方式发生了改变；最后，对数字孪生认识的最终落脚点在于促使人们认识能力提高，进而为人们更好地进行实践活动提供指导。

1. 为人类提供了新的观察世界的视角

数字孪生技术的认识论价值首先体现在其为人类提供了一种新的观察世界的视角。从空间维度上看，宏观事物向外扩张的无限性与微观事物向内压缩的无限性交织，在很大程度上阻碍了人们正确认识和把握现实世界的进程。从时间维度上看，人们在现实世界中体验到的物理对象相对来说多为"静态直观"感受，而很难观察到物理对象随时间变化的特性，也难以对认识对象未来的发展变化做出预测和判断。人们对客观世界的认识在时间和空间维度上都存在着一定的局限性。要想对客观对象展开更为深入的认识活动，必然存在局限性，而数字孪生的出现正是给人类认识世界提供了一个新的观察视角。

正如前文所述，数字孪生借助 5G 通信、物联网、虚拟现实、增强现实、大数据及人工智能等新技术的应用实现对物理世界的全面感知，完成数据采集及分析计算，从而在数字空间中完成对物理对象的虚拟孪生体的构建。通过多维虚拟模型和融合数据双驱动，以及物理对象和虚拟模型的交互，数字孪生能够实现对物理对象的多维度多时空尺度的刻画，洞悉与拆解复杂对象的内部结构，从而突破人类在空间维度上认识的局限性。同时，数字孪生体与客观物理对象在全生命周期内共生，通过对物理对象的实际行为和状态的刻画，在一定程度上能够分析物理对象的未来发展趋势，从而突破人类在时间维度上认识的局限性。究其根本，实现对现实限制的超越是人类在漫漫发展史上一直不间断地探索的事情，观察与认识世界的最终目的是要将"可能性"变为"现实性"，从而完成对现实世界的超越。随着现代科学技术的发展和人们认识能力的提高，以数字孪生认识论为视角的观察与认识世界的方法成了新的认识形态。"可能性"，一般是指事物发展过程中的潜在阶段或状态。所谓的"潜能"是指某种东西尚未现实存在，是一种"潜在而并未实现的事物"，而实现了的潜能就是现实。在数字化虚拟空间中，通过数字孪生技术对现实的各种可能性（如对现实世界中已经存在的一般物理实体构建数字孪生体，在数字化空间进行"可能的"仿真模拟实验，从中选择"最优方案"应用到现实客体中）、不可能性（如将现实世界中无法完成的认识活动转移到虚拟孪生体上来进行认识，从而将"不可能"转化为"可能"，进而变成"现实"）、不存在性（如对现实世界中不存在而人类凭借想象在数字空间中创造的"数字虚体"进行认识，随后将认识产生的成果应用到现实世界中，完成从"不存在"到"潜能"再到"现实"的转化）进行思维构成、规则构成和数字构成，使其变成"潜能"，最终作用到现实世界中的物理实体，以完成对现实认识的创造性超越。因此，不断深化对数字孪生的认识，有助于为人们提供一个新的观察与认识世界的视角，人们通过对数字化虚拟空间中数字孪生体的构建，同时借助新技术协作，现实世界的真实面貌便得以较为清晰地呈现在人们眼前，最终通过人们的现实实践活动，完成对现实限制的超越，从而推动人类向着更高水平的认识与实践活动发展。

2. 有助于消解复杂事物中的不确定性

人类认识所接触的客观对象并不都是简单而可直观感受的，其中很多事物的内部具有复杂结构，由于计算机计算能力阈值的限定和人类本身认识能力的有限性，人们往往无法窥探到复杂系统的全貌，因此，人们对客观对象的认识往往伴随着巨大的不确定性。对于数字孪生的认识论价值还体现在其有助于消解复杂事物中的不确定性。

在数字化虚拟空间中对复杂事物及其内部结构从形态和功能上构建数字孪生模型，复杂物理对象的性能和行为的变化会以数据信息的形式反馈到数字孪生体中，所形成的孪生数据对观测与检验复杂物理对象的运行效果具有重要的反映作用。当运行的复杂物理对象的数值结果不符合数字孪生模型初始设定的阈值时，就意味着复杂系统结构内部可能出现了问题，按照以往认知事物的方法，实体原型不具备修订控制模式，需要检修人员手动检查、测量和解释虚拟或物理模型的修改，以便后续更新另一个模型。而数字孪生借助于大数据与人工智能技术，能够在数字化虚拟空间中进行高保真的模拟运算，从而能够以一种低成本的方式去了解复杂事物内部结构发生的行为和性能变化，并能够实施快速干预，进行系统优化。数字孪生方式的应用提供了一个由对象内部向外部延伸的观察视角，使复杂现象的发生在一定程度上变得可观察，这对于在一定程度上消解复杂事物中的不确定性具有重要作用。

除此之外，数字孪生作为人类与物质世界间的中介，其形成的数字虚体与物理实体间的系统并不是僵化的，而是动态的，是具有高保真度的，同时是实时与客观物理系统连接并不断进行反馈的，具有自我学习能力的"活"的系统。数字孪生通过全要素、全数据、全模型、全空间的虚实映射和交互融合，使虚拟实体对物理的复杂系统进行仿真。其中的几何模型、物理模型、行为模型和规则模型能够从宏观和微观的尺度对复杂系统进行动态的数学近似的模拟与刻画，从而实时展现与反馈物理实体随时间变化的特性。这其中能够消解复杂事物中不确定性的重要一环是数字孪生所具备的自组织、自学习、自演化能力，其能够对复杂对象进行状态解析、方案调整、决策评估、智能预测。通过数字孪生体与复杂认识客体之间大量的交互反馈与数据积累，整个过程中产生的所有经验，包括出现故障时的数据信息，都将被记录以及存储。这些历史数据在需要时能够被直接调用，可以为未来进行数据分析、优化设计和避免故障再次发生提供参考。随着时间的推移，这样的经验历史数据库经过不断地积累和迭代，能使数字孪生系统实现自我学习和演化，并且能够具备实时判断、评估、优化和预测的能力，主体对虚拟孪生体及孪生数据的认识也能得到进一步深化，复杂事物及其内部结构的本质和特征也得以展现。这使整体的孪生系统对预定目标产生了更加精确的表达和实施效果，从而在复杂系统内部出现"故障"行为前，可使其在数字孪生的作用下进行自我干预，因此在很大程度上能够消解对于复杂系统的不确定性，将人们从对复杂现象的迷惘中抽离出来。

3. 转变了人类思维与解释世界的方式

数字孪生落地场景的应用以及人们对其不断深化的认识，转变了人类思维与解释世界的方式。任何认识活动都是具有一定的社会目的的，进行和完成认识活动的根本目的是更好地指导人的实践活动和满足社会的需要。数字孪生技术被广泛应用于制造、建筑、电力、汽车、船舶、城市管理、医疗健康、铁路运输、环境保护等不同领域，并展现出了巨大的应用潜力，[1] 使人们的思维方式和认识形式发生了转变。

按照以往的人类认识，世界可以分为自然界和人工界，人们把在这两

---

① 参见陶飞、张贺、戚庆林等《数字孪生十问：分析与思考》，载《计算机集成制造系统》2020年第1期，第1-17页。

个世界发生的认识和解释活动归类为"探索现存事物和设计新事物"。人们在自然界中探索现存事物是对既存现实世界客观规律的认识过程，在人为创设的人工界中进行的认识与实践活动是对新事物的设计过程。然而在对数字孪生有了深入认识后，我们会发现在自然界和人工界中应该存在一个中间地带，即"虚实融合"地带。人们通过数字孪生技术，以自然界中的认识客体为构建对象，在人工界中以认识客体的形态和功能数据为依据，创设出与自然界中认识客体相对应的虚拟孪生体，二者通过实时的数据反馈与信息交互，把在虚拟孪生体和孪生数据中找到的"最优方案"应用到自然界中的认识客体中，从而更好地指导人们的实践活动。人们通常把对既存现实世界客观规律进行探索的活动称为描述性的活动，把对创设新事物和新世界的规律的活动称为构建性的活动，现在，我们可以把处于中间地带的进行虚实融合和交互反馈的活动称为映射性的活动。数字孪生使得人们对于世界的认识与实践形式不再局限于自然界的描述性活动或人工界的构建性活动，使人们更加关注二者间"虚实融合"的过程，也使现实世界与虚拟世界的界限越来越模糊，越来越不分明。在一定程度上可以说，对数字孪生虚拟认识的深化转变了人们解释世界的方式。

与此同时，虚拟性思维方式关注的不是现实世界的本质和规律，其关注的焦点在于人对世界的知识是如何建构起来的，对于数字孪生虚拟思维的认识来说，这种建构活动是包含人类主观意志在内的，通过间接经验经历体验物理实体的认知过程。在以往的认知思维视角中，往往是以认识主体和认识客体的二元关系为主的，此时人类认知的客观对象是可以通过直接经验或间接经验经历体验到的；而在数字孪生认知思维视角中，二元关系转变为认识主体、认识客体以及认识客体的虚拟孪生体之间的三元关系，数字孪生技术使得以往对于间接性经验的"获得性"转变为"生成性"，认知主体能够通过数字孪生方法间接地（即不直接经历体验客观对象）获得经验的来源。同时在整个经历体验过程中，人的主观意志的参与始终起着重要作用，无论是对初始条件的设置，还是对运行途中效果的监测与检验，都蕴含着要满足设计者或使用者预期目标的主观意志。这个过程也是将人类的思维具体化、理性化和行为化的过程，使思维变成了看得见、摸得着的过程，并且能够在全生命周期内永远被记录保存。由此，人类便完成了对世界知识的建构过程，并通过思维方式的转变，补充了物理经验，从而丰富了人的经验世界，实现了对现实限制的超越。

4. 有助于进一步提高人类的认识能力

数字孪生技术的认识论价值的最终落脚点体现在其有助于提高并深化人的认识能力上。人的认识能力的提高不仅表现为知识的增长与更新，更表现为形成了一种辩证的思维认识方式。对于数字孪生虚拟认识而言，要具有提高人的认知能力的功能，就必须要增强人的感觉器官的感知能力。同样，麦克卢汉也曾提出"媒介即信息"的理论，认为媒介是人的器官的延伸，而数字孪生作为一种媒介手段，恰恰通过虚拟技术的方式在数字化虚拟空间中构建了现实世界中认识客体的虚拟孪生体。在一定程度上而言，这是将客观世界中的认识客体"具象"到人们面前，虚拟现实与增强现实技术的应用使得数字孪生体所展现的画面甚至比我们肉眼看到的真实的物理世界中的现实图画还要真实、细腻，而当这作用到我们的感觉器官时，便能增强我们的感知能力。同时，数字孪生虚拟模型的构建可以突破时空限制，将稍纵即逝的感觉经验在数字化虚拟空间中进行"再现"体验，有时还能够实现"创造性"感知觉活动，这都在不同程度上增强了人们的感知能力。

从辩证思维上来看，人们目前对数字孪生的认识还要更加深刻，因为人们认识到，数字孪生虽然能增强人们的感知能力，提高人们的认识能力，但它并不能实现"完全的真实"，也无法做到"全部的模拟"。首先，数字孪生体虽然被称为客观物理对象的"孪生体"，但也只是相似，而并非相同。由于人类本身认识能力的有限性和计算机计算能力阈值的限定，以及信息在获取、存储、利用等一系列过程中本身所具有的不确定性和损耗，数字模型并不能完全真实地反映物理实体的全部属性。虚拟模型与物理实体之间的关系并不是重合的，只能是近似地抓取其中"某部分特征"来满足认识主体的目标需求，从这个角度来说，数字孪生并不能实现"完全的真实"。其次，数字孪生作为一种特殊的虚拟，虽然是以特定的0-1的数字方式去表述和构成事物以及关系，但真实的世界和现象并非都能转化为特定的符号表达方式，如人类的意识、思维和情感、心理的因素、人性的感知以及被淹没于群体意志之中的个人意志，都无法进行相对应的孪生虚体的构建，因此，数字孪生不能做到"全部的模拟"。于是，人们认识到，数字孪生是在人类认识能力范围内以及人类认识能力有限的认知条件下形成的对真实世界认识程度上的深化发展。数字孪生的出现提高了人们的认识能力，而随着数字孪生技术的进一步发展，还将会促进人们认识能力的进一步提升。

在人类漫长的认识与实践的发展过程中，人们常常以各种方式作为反映的工具，从而表达人们对世界及各种事物的认识。计算机技术的出现可以作为反映工具变化前后的一个分水岭。在计算机诞生之前，人们往往以语言、文字、手势、图像等作为反映工具；而计算机技术的诞生为人类开辟了广阔的认识空间，反映工具也往往都带有"虚拟"的含义，诸如人类构建的虚拟网络空间、3D建模技术、虚拟现实技术、增强现实技术等。这些反映工具能够帮助人类更好地认识自然和物理世界，都在不同程度上提高了人类的认识能力与认识的发展水平。数字孪生技术同样可以作为人类认识自然和物理世界的反映工具，而且，不同于以往的反映工具，数字孪生是通过在数字化虚拟空间中构建物理实体的虚拟孪生体来使二者之间能够进行实时数据反馈与交互融合的。数字孪生作为反映工具，更多的是通过"孪生数据"的反馈，将在虚拟孪生体中经过验证的"正确的"数据反馈给物理世界中的客观实体，从而达到更好地认识与改造世界的目的。在这个过程中，"孪生数据"的产生需要经过多次不断的模拟尝试与实验验证，在克服一次次困难与挑战的过程中，需要人们不断地发挥主观能动作用来解决遇到的难题，因此，将会使人们的认识能力得到大幅度提高。

　　而从辩证思维来看，以数字孪生技术作为反映工具所进行的孪生数据的反馈可能会是错误的。因为数据具有"可错性"，如果是基于错误的理论前提，则通过数字孪生技术模拟运算出的数据和信息仍然是"可错的"；同时，数字孪生内部的深度学习机制本身就是复杂的，可以被视为无法以彻底的分析范式进行理解的"黑箱"。这就意味着人类只有不断提高自身的认识能力与水平，才能与数字孪生技术带来的"可错性"与"黑箱"抗衡。从这个角度来看，数字孪生技术的应用也在某种程度上"催促"着人们提高认识能力与认识水平。

　　综上所述，数字孪生除了可以通过增强感知能力、作为反映工具以及对其蕴含的辩证内涵的揭示来提高人们的认识能力之外，如前文所述，它也为人们提供了一个新的观察世界的视角，有助于消解复杂事物中的不确定性，以及转变人类的思维与解释世界的方式。数字孪生虚拟的这些认识论价值无疑都促进了人类认识能力的提高，从而帮助人们更好地改造世界，为人们的实践活动提供正确的认识论指导。

二、数字孪生的伦理研究

（一）数字孪生的伦理演变

　　数字孪生作为一项技术应用，对其伦理问题的探讨应归属到科技伦理范畴之中。而谈到科技伦理，首先要明确伦理学所探讨的问题。伦理学是探讨涉及人与人、人与社会乃至人与自然等方面关系中的是非善恶和道德责任义务的学科。[①] 在 17 世纪，巴鲁赫·德·斯宾诺莎（Baruch de Spinoza）所著的《伦理学》一书中，以形而上学的视角，从本体论、认识论等出发探究关于善恶是非的伦理问题，最后得出"自由"这一最高概

---

① 参见王海明《伦理学原理》，北京大学出版社 2001 年版，第 9-16 页。

念，为人的幸福指明了道路。① 20 世纪上半叶，乔治·爱德华·摩尔
（George Edward Moore）所著的《伦理学原理》以常识性世界观和语言分
析来探究伦理问题，宣告了元伦理学的诞生。② 20 世纪下半叶，法兰克福
学派代表人物汉斯·约纳斯（Hans Jonas）则较早关注到了技术中的伦理
问题并展开了论述，结合具体的医学与生物技术，探讨了科技活动的伦理
责任。③ 当伦理所探讨的问题"什么是善，什么是恶，应该做什么，不应
做什么"延伸到科学技术的探索与应用过程中时，便成了科技领域的伦理
问题，亦即科技伦理问题。④ 因此，科技伦理是指为实现科技目标，科技
活动所应当遵循的价值观和行为准则。科技伦理的状况标志着社会的文明
程度，也将决定科技与人类未来的走向。⑤

　　科技伦理的萌芽可以追溯到古代。古希腊时期的希波克拉底誓言向世
人公示的四条戒律"对知识传授者心存感激；为服务对象谋利益，做自己
有能力做的事；绝不利用职业便利做缺德乃至违法的事情；严格保守秘
密，即尊重个人隐私、谨护商业秘密"对当下仍有启发意义。希波克拉底
誓言提出了"为病人服务"的伦理规范，阐明了处理医患关系的道德规范
和医德修养的目标要求，这是当时科技伦理思想的典型代表。中国古代的
科技伦理思想主要体现为"以道驭术"，即技术行为和技术应用要受伦理
道德规范的驾驭和制约，⑥ 是对技术与道德关系进行讨论的产物，可将其
视为科技伦理思想的东方萌芽。现代科学技术是伴随理性思潮、启蒙运动
而兴起的，因此，对人类福祉的关怀、对人类未来的关注从一开始便是科

---

① 参见［荷］斯宾诺莎《伦理学》，贺麟译，商务印书馆 2017 年版，第 236-267 页。
② 参见［英］G. E. 摩尔《伦理学原理》，陈德中译，商务印书馆 2017 年版，第 1-41 页。
③ 参见［德］汉斯·约纳斯《技术、医学与伦理学——责任原理的实践》，张荣译，上海
译文出版社 2008 年版，第 24-32 页。
④ 参见葛海涛、安虹璇《中国科技伦理治理体系建设进展》，载《科技导报》2022 第 18
期，第 21-30 页。
⑤ 参见于雪、凌昀、李伦《新兴科技伦理治理的问题及其对策》，载《科学与社会》2021
年第 4 期，第 51-65 页。
⑥ 参见王前《中国科技伦理史纲》，人民出版社 2006 年版，第 7 页。

学精神的重要组成部分。17 世纪，现代科学的奠基者之一的弗兰西斯·培根（Francis Bacon）在其代表作《新大西岛》（*New Atlantis*）中对未来社会做出畅想，认为科技的进步应走向不断提升人类福祉的道路，这是科技伦理发展又一次进步的体现。

学界一般认为，曼哈顿工程是现代科技及其应用的伦理问题被广泛讨论的开端。[①] 美国陆军部于 1942 年 6 月开始实施利用核裂变反应来研制原子弹的计划，亦称"曼哈顿计划"（Manhattan Project）。该工程于 1945 年 7 月 16 日成功地进行了世界上第一次核爆炸，并按计划制造出两颗实用的原子弹。第二次世界大战中核武器所造成的毁灭性灾难促使人们反思科学家的社会责任，科学家的责任伦理成了当时的重要议题，科学家群体开始积极参与反核战运动，逐渐形成相关社团组织，创办学术期刊、举办学术活动，向世界发出倡议，并由此形成了特定的职业伦理或学术团体的道德准则。

科技伦理研究的建制化大致始于 20 世纪 60 年代，一方面是受到 STS（科学、技术、社会）及应用伦理学等思潮的影响，另一方面主要源于当时一系列社会运动所引发的伦理反思。科学技术的迅速发展，促进了经济发展、社会繁荣、人们生活幸福，但与科学技术发展有关的重大社会问题（如环境、生态、人口、能源、资源等）也随之不断出现。为了解决这些问题，STS 研究应运而生。STS 研究是指对科学、技术、社会的研究，主要探讨和揭示科学、技术和社会三者之间的复杂关系，研究科学、技术对社会所产生的正负效应。其目的是要改变科学和技术分离，科学、技术和社会脱节的状态，使科学、技术更好地造福于人类。STS 研究从社会建构的角度反思科学与技术，成了科技伦理思想的一个重要来源。1963 年，法国技术哲学家雅克·埃吕尔（Jacques Ellul）发表了《技术秩序》（"The Technological Order"）一文，反思技术自身的自主性对人类社会生活的重要影响。1967 年，美国技术哲学家刘易斯·芒福德（Lewis Mumford）在其

---

① 参见中国科协《科技伦理的底线不容突破》，载《科技日报》2019 年 7 月 26 日，第 1 版。

著作《机器的神话》(*The Myth of the Machine*) 中提出了"巨机器"的概念，认为技术的发展可能会导致"巨机器"的伦理困境。1979 年，德国哲学家汉斯·约纳斯发表了德文著作《责任原理——工业文明之伦理的一种尝试》(*The Imperative of Responsibility*：*In Search of an Ethics for the Technological Age*)，强调技术行为要对遥远的未来和子孙后代负责，这一思想在世界范围内引起了广泛的影响，成了科技伦理的奠基之作。

与此同时期的应用伦理学思潮同样为分析现实社会中出现的重大问题建构了一种伦理的维度，为解决由这些问题所引起的道德悖论和伦理冲突创造了一个对话的平台。[1] 应用伦理学是研究将伦理学的基本原则应用于社会生活的规律的科学，是对社会生活各领域进行道德审视的科学。自 20 世纪 60 年代至今，科技伦理的主要问题始终随着科技发展及其与社会之间关系的变化而变化，不同时期的科技伦理问题体现着不同的时代特色，而科技伦理治理则需随着科技伦理问题的变化而与时俱进。20 世纪 60 年代，有关科技的道德探讨更加专业和具体，形成了专门的伦理研究。例如，1962 年，蕾切尔·卡逊 (Rachel Carson) 在其所著的《寂静的春天》(*Silent Spring*) 中，对 DDT (滴滴涕) 等化学药剂的滥用发出了警告，该书的出版激起了巨大反响，工业化国家中的社会大众开始反思科学技术所带来的环境污染问题，这为生态伦理学的发展做出了巨大贡献。[2] 20 世纪 70 年代，随着生命科学的发展，关于基因研究的伦理研讨开始出现，如关于人类遗传疾病筛查、产前诊断等技术所引发的法律与社会等问题的探讨。20 世纪 80 年代，切尔诺贝利、博帕尔等地发生了重大事故，此外，臭氧空洞、气候恶化、空气污染和水污染等环境问题不断涌现，使科技伦

---

[1] 参见李真真、缪航《STS 的兴起及研究进展》，载《科学与社会》2011 年第 1 期，第 60-79 页。

[2] European Commission. "Directorate-General for Research and Innovation. Options for Strengthening Responsible Research and Innovation：Report of the Expert Group on the State of Art in Europe on Responsible Research and Innovation"，见 http：//ec. europa. eu/research/swafs/pdf/pub_rri/options-for-strengthening_en. pdf，最后访问日期：2023 年 3 月 18 日。

理再次成为全球公众关注的焦点。

进入世纪之交后，互联网的普及以及由此带来的信息革命引发了人们关于信息伦理的反思，而且，以互联网技术作为开端的新兴技术的诞生更加促使人们关注技术会聚所带来的伦理影响。尤其在数字化社会转型的背景下，以数字孪生技术为代表的人工智能、大数据、物联网、云计算等一系列新技术开始出现并被广泛使用，这些技术的跨越式发展使得科技伦理议题上升到了对人、社会、科技、自然等关系维度的探讨，而且引发了关于人自身的主体定位等哲学层面的大众思考。数字孪生技术所引发的自动化决策困境、数字鸿沟（digital divide）等新问题为科技伦理治理带来了新的变数。面对新的伦理问题，人们势必要以更高水平的治理手段与更广阔的治理格局予以应对。本书正是在此背景下，对数字孪生这一新兴技术进行深入的梳理与研究，因为数字孪生技术在为社会整体和人类个体带来诸多益处的同时，也带来了一系列需要研究与探讨的伦理问题。本书以"数字孪生技术本身"与"数字孪生技术应用"为研究视角对数字孪生伦理问题开展一系列的深入研究，并提出了相应的规制路径，以期能够推动数字孪生技术向上与向善发展，达到技术造福人类社会的目的。

（二）数字孪生的伦理特征

随着数字孪生技术的蓬勃发展和落地应用，其为生产生活带来了革新性的变化，不仅改变了社会的组织运行方式，还影响了个体的未来发展态势。有关数字孪生的伦理问题也在不断凸显，本书从"数字孪生技术本身"和"数字孪生技术应用"两个视角对数字孪生的伦理特征进行了梳理，以期在此基础上能够更好地对数字孪生的伦理问题及其相应的伦理规制进行整体把握。

1. 数字孪生技术本身视角下的伦理特征

首先，数字孪生伦理具有技术黑箱性。数字孪生技术本质上是建模仿真技术、物联网技术、大数据技术、云计算、人工智能、互联网、5G 通信等技术的集成，数字孪生正是在这些技术集成的基础上发挥着其自身的价值。但也正是由于数字孪生集成了较多的分支技术，所以才导致数字孪生应用过程中出现了"技术黑箱"的问题。依靠底层的人工智能技术进行深度学习生成的算法决策，由于"算法黑箱"的存在，使得生成的数字孪生决策不可避免地带有"不确定性"风险，进而增加了决策受众对数字孪生技术的隐忧。

其次，数字孪生伦理具有交互融合性。数字孪生技术最显著的特征就是实现了真正的"虚实融合"，物理实体与其对应的数字孪生体在全生命周期内始终保持着实时的信息传递与数据反馈，进行着动态交互与虚实融合。因此，对数字孪生伦理特征的考量离不开虚实间的交互融合，例如，当数据信息传递发生意外中断的情况时，其会对该段信息流域乃至整个数字孪生系统产生何种影响，进而由于技术本身的意外状况，又会对个体发展乃至社会整体产生何种影响，都是值得思考的。

再次，数字孪生伦理具有系统复杂性。数字孪生不仅需要在孪生模型构建之初对物理实体进行多尺度、多精度、多领域、多学科的信息物理融合，更需要在孪生模型运作之时发挥强大的数据存储、监督管控、运算分析、系统维护等功能。尤其是当数字孪生面向复杂巨系统工程时，在其构建与实施过程中的协同工作，需要团队成员以及机器技术之间的高度理解，复杂程度远超以往，在此过程中的数字伦理问题也将伴随着系统复杂性的增加而更加难以被清晰梳理。

最后，数字孪生伦理具有伦理滞后性。数字孪生技术作为当下的新兴技术应用，已经在很多领域中被广泛应用并不断向着更多领域延伸拓展。数字孪生技术的迅猛发展在提高社会运行效率和人们生活幸福指数的同时，也带来了一系列的新的伦理问题。而当前社会对数字孪生技术的伦理认识与伦理反思远远赶不上技术的发展步伐，使得既有的技术伦理理论难以发挥有效作用。数字孪生技术的伦理滞后性在一定程度上制约了该技术的向上与向善发展，亟待学界对数字孪生伦理问题进行深入研究，并提出相应的伦理规制路径。

2. 数字孪生技术应用视角下的伦理特征

首先，数字孪生伦理具有个体影响性。数字孪生作为一种技术应用，其应用的对象少不了"人"这一层面。例如，在数字孪生教育领域，数字孪生技术在对学生个体的学习空间、学习方式、学习体验带来全方位革新的同时，也会造成学生个体对数字孪生技术所提供的智能化学习资源和学习方案形成过度性依赖的倾向，这将会在一定程度上消磨学生个体主观能动作用的发挥。再如，在数字孪生医疗领域，数字孪生技术在对患者个体构建相应的数字孪生虚体时，患者个体的生理、病理乃至心理数据都将被精准映射到所构建的数字孪生虚体中，数字孪生技术所生成的决策也是先由数字孪生体进行"虚拟临床验证"。这一过程涉及患者个体的数据隐私权这一伦理问题，依托数字孪生技术而生成的医疗决策也可能严重影响患者个体的生命安全。数字孪生技术具有个体影响性这一特征，将会对人的全面发展（生理、心理、自我意识等方面）带来一定程度的伦理影响。

其次，数字孪生伦理具有社会影响性。最先应用数字孪生技术的领域是航空航天领域，随着技术的不断发展成熟，逐渐向智能制造、智慧城市、船舶航运、健康医疗、建筑建设、环境保护等领域延伸拓展。这些领域的共同特征是都关乎着社会层面的局部建设与发展，数字孪生技术在为这些领域带来了技术革新应用，提高了管理与运行效率的同时，也造成了社会利益需要重新调整以适配新技术的应用的状况，而在此过程中，诸如数字鸿沟、对弱势群体的关照、社会公平正义等伦理问题将会重新出现在人们的视野中。

再次，数字孪生伦理具有环境影响性。数字孪生技术所带来的环境影响不仅仅是指自然环境影响，更值得关注的是对安全环境的影响。数字孪生技术的核心基础之一是数据，而谈及数据，就会涉及数据安全这一伦理问题。当数字孪生技术被应用到特定领域中，发生数据泄露或数据被非法侵占等情况时，不仅会对存储在其中的个体层面产生威胁，更严重的甚至会对社会层面造成不可估量的损失与破坏。数字孪生伦理所具有的环境影响性，尤其是其对数据安全环境的影响值得格外关注，同时，我们应深入探讨其伦理归责该如何被界定与追究。

最后，数字孪生伦理具有整体影响性。前文所述的数字孪生技术对个体层面、社会层面、安全环境等的影响有时候并不能较为明确地界定清楚，其产生的影响往往是整体层面的。因此，对于数字孪生技术在特定领域中是否应该应用这一问题，需要在一开始就对数字孪生技术所可能引发的伦理问题进行伦理评估，从整体上把握数字孪生技术所可能引发的伦理冲突和价值冲突，结合可能涉及的伦理问题的治理难度和伦理风险的可控程度，以人类的利益为出发点，来决定是否在该特定领域进行数字孪生技术的应用。

（三）数字孪生的伦理内容

汉斯·约纳斯在其《技术、医学与伦理学——责任原理的实践》一书中说："技术受到伦理学的评估，这个结论来自如下简单事实：技术是人的权利的表现，是行动的一种形式，一切人类行动都受道德的检验。"[①] 所以，科技伦理属于典型的应用伦理学范畴，是与人的技术实践紧密结合的伦理学。美国哲学家 H. 西格尔（H. Siegel）在《评劳丹的规范自然主义》中论述："一项活动如果是合理的，其理由并不仅仅在于行动者对自己的活动在实现其目标的过程中的工具效益坚信不疑，还应有另外两个理由，即：①信念本身必须是合理的；②事先假定这项活动将会引发的结果本身也必须是合理的。"在科技伦理范畴内，所谓"信念的合理"，即科技向善的方向；所谓"结果的合理"，即对科技发展的后果负责。以上两点形成了当代科技伦理概念的重要核心，即科技向善、负责任发展的理念。[②] 本书所论述的数字孪生技术当属科技伦理范畴，对数字孪生的研究也应当受

---

① ［德］汉斯·约纳斯：《技术、医学与伦理学——责任原理的实践》，张荣译，上海译文出版社 2008 年版，第 24-32 页。

② 参见于雪、凌昀、李伦《新兴科技伦理治理的问题及其对策》，载《科学与社会》2021年第 4 期，第 51-65 页。

到伦理学的评估，并保持数字孪生技术向善的发展方向以及对技术应用后果负责的态度。那么，数字孪生伦理的研究内容有哪些、对数字孪生伦理问题采取何种路径进行规制是本书接下来各章节的重点论述内容。本书主要分为三部分（结构如图 2-2 所示）：第一部分介绍了数字孪生的技术相关及其伦理研究，对数字孪生从技术、认知及伦理三方面进行了整体的把握；第二部分聚焦数字孪生技术本身，阐述数字孪生算法与数据的伦理问题及其相应的规制；第三部分从数字孪生人、数字孪生工程、数字孪生医疗等技术应用视角对数字孪生伦理及伦理规制进行深入研究。

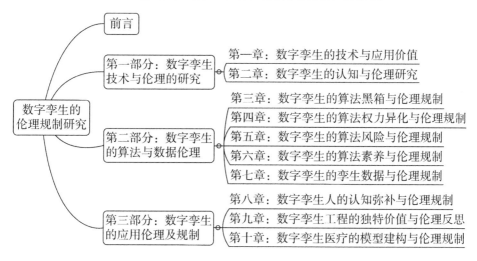

图 2-2 数字孪生的伦理规制研究

刘大椿、段伟文曾在《科技时代伦理问题的新向度》一文中指出："科技伦理所涉及的层面可以拓展为科技共同体内的伦理问题、科技社会中的人际伦理问题、科技时代文化伦理问题和科技背景下人与自然的伦理关系问题四个层面。"[1] 张小飞对科技伦理内容的研究进行了哲学层面的归纳，他以人的完善为价值尺度来衡量科技伦理问题，认为科技伦理的讨论内容有四种表现形式，分别是：科技发展与人的生命价值实现的矛盾、科

———————————

[1] 刘大椿、段伟文：《科技时代伦理问题的新向度》，载《新视野》2000 年第 1 期，第 34–38 页。

技发展与人类自由的矛盾、科技发展与人类平等的矛盾、科技发展与社会公正的矛盾。[①] 本书在借鉴融合上述对科技伦理研究内容划分的基础上，对数字孪生技术的伦理问题从"技术本身+技术应用"两大视角对数字孪生伦理问题进行了深入分析。鉴于数字孪生技术的特点，对数字孪生伦理问题的规制也需要从两方面展开，一是精神层面的价值引领，二是实践层面的行为规范。当数字孪生技术的发展符合伦理规范，实现向善发展、负责任发展时，便能够实现对数字孪生技术发展过程中负面影响的合理控制，进而促进数字孪生技术与社会之间关系的和谐发展，推动数字孪生技术成果造福于人类社会。有关数字孪生的伦理问题与规制路径的具体内容如图 2-3 所示。

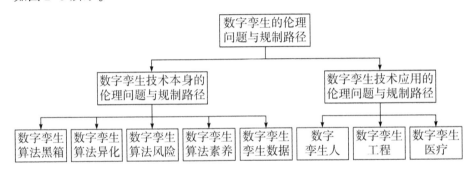

图 2-3　数字孪生的伦理问题与规制路径

三、本书章节的内容介绍

（一）数字孪生的技术与伦理研究

本书第一部分数字孪生的技术与伦理研究涵盖第一章至第二章的内容，第一章为数字孪生的技术与应用价值，第二章为数字孪生的认知与伦理研究。

[①]　参见张小飞《现代科技伦理问题表现及特征的哲学探究》，载《天府新论》2004 年第 6 期，第 33-36 页。

1. 数字孪生的技术与应用价值

首先，第一章对数字孪生的概念界定进行了梳理。"数字孪生"这一概念在当前学术界和产业界并没有达成统一的共识。站在研究学者的视角，数字孪生是能够通过数据连接和模拟仿真实现物理世界与信息世界交互融合的一项技术集成；站在研究机构的视角，数字孪生通常被界定为能够实现物理空间与赛博空间的交互映射，从而反映物理实体的全生命周期过程的一项通用使能技术；站在相关企业的视角，数字孪生更倾向于被界定为促进工业企业转型升级，用于产品设计研发和生产制造，提高企业经济效益的一项技术工具。总的来说，虽然这三方对数字孪生的理解各有侧重点，但仍可总结出数字孪生的几个关键词，即数据、模型、映射、交互、算法、预测、全生命周期等。

其次，该章对数字孪生的特征进行了总结概括。①文中运用比较研究的方法对数字孪生具有更加真实的"仿真性"这一特征进行了论证。相较于实物模型和数字化模型，数字孪生模型的构建，集成与融合了几何模型、物理模型、行为模型及规则模型这四层模型，具有高精度、高可靠、高保真的特征。其不仅弥补了实物模型只是对原型系统的"静态再现"的不足，包含了"动态表征"，更实现了对大场景的、内部结构复杂的物理对象的完整刻画。数字孪生模型更是在数字化模型的基础上达成了对物理对象在多维多时空尺度上的刻画，以及实现了与物理对象在全生命周期内的虚实交互与同生共长。②文中从三方面论证了数字孪生实现了真正的"虚实融合"这一显著特征，即虚实融合的过程逐渐由以往的"平台-人-机器"模式转变为数字孪生技术应用下的"数字孪生-自主决策-物理实体"的模式，数字孪生虚实融合的过程是以三维立体可视化的方式展现的，数字孪生虚实融合的过程是贯穿物理实体"全生命周期"的动态交互过程。③正是由于数字孪生所具有的更加真实的"仿真性"与所实现的真正的"虚实融合"等特性，使得数字孪生显著的"迭代优化性"得以凸显。数字孪生显著的"迭代优化性"这一特征属性所面向的对象是外界千变万化的复杂系统，其依托数字孪生数据与数字孪生算法实现了内在的运作逻辑。

再次，该章重点阐述了数字孪生的技术构架。数字孪生正是在建模仿真技术、3R可视化技术、物联网技术、大数据技术、云雾边缘计算技术、区块链技术、人工智能技术、5G通信技术等相关技术的助力下，实现了"模型+数据"双驱动的运行。数据和模型，是数字孪生系统的两个基本面。数据代表了物理实体，从物理实体运行过程中采集而来，并通过数据驱动进行模型更新，以弥补传统建模过程中参数不确定的缺陷；模型代表虚拟实体，从数字模型分析仿真而来，并通过模型驱动来指导数据分析，助力数字孪生应用的顺利开展。数字孪生采用有别于单一依靠模型驱动的机理建模方式和单一依靠数据驱动的数据建模方式，利用实时数据完成对高保真孪生模型的构建，并依据双向传输的数据信息与预测分析的结果完成对不同场景、目标、约束条件下的决策与优化。当外界环境发生变化时，数字孪生可以依据实时参数信息数据的变化，无须重新构建，直接在原有孪生模型的基础上进行同步更新，即可适应环境的变化，这具有传统静态和离线分析所不具备的意义。本章为重点突出数字孪生"模型+数据"驱动的方法论指导，在陶飞团队所提出的数字孪生五维模型的基础上，描绘了一幅模型与数据双驱动的数字孪生运行原理图，以期对数字孪生进行更深入的认知与理解，推动数字孪生技术在更广泛领域内进一步落地应用。

最后，该章聚焦于数字孪生制造、数字孪生城市、数字孪生医疗、数字孪生教育这四个典型场景，对数字孪生的应用价值进行了深入具体的阐述。在数字孪生智能制造方面，数字孪生技术将越来越成为推动企业数字化转型的重要助力，促进"制造"向"智造"的全面转型升级，这具体体现在工业企业产品生产活动的过程中，覆盖了产品设计、生产制造、产品使用和服务、产品报废回收的全生命周期。在数字孪生智慧城市方面，将数字孪生技术应用到智慧城市领域，可以对当前的城市构建虚拟孪生城市，使得虚拟城市与物理城市间进行数据的互联互通与映射交互，这对提升城市的规划与建设、改善城市的管理与运营、保障人们的生命和财产安全、推动构建和谐的智慧城市具有深远的价值意义。在数字孪生智慧医疗方面，将数字孪生技术应用到医疗领域，可以构建医院的数字孪生体，利用各种传感器设施及数字化系统的建设让病人能以最短的流程完成就诊，并提高医生的诊断准确率，发挥预测、预警病人身体状况的作用，实现对医生远程会诊等现代化医疗技术手段的应用。对于人类自身，也存在构建与生物人体相对应的虚拟人体的可能性，这对于改善人们身体健康质量、提高手术成功率、促进医疗事业进步具有重大意义。在数字孪生教育方面，将数字孪生技术应用到教育领域能够促进教学环境和教学方式的革新，实现实体、虚拟、自然这三种学习空间的跨越与融合，同时也有助于对学生高阶思维的培养，促进学习者能力的迭代更新。（见表2-1）

表2-1　数字孪生的技术与伦理研究

数字孪生的概念界定	数字孪生的典型特征	数字孪生的技术架构	数字孪生的应用价值
研究学者 研究机构 相关学者	更加真实的仿真性 真正实现虚实融合 显著的迭代优化性	相关底层技术的支持 "模型+数据"双驱动	数字孪生制造领域 数字孪生智慧城市 数字孪生医疗领域 数字孪生教育领域

2. 数字孪生的认知与伦理研究

首先，第二章对数字孪生的认知研究进行了概述，鉴于当前学界对数字孪生伦理内容的研究相对较少，本书在尽可能对数字孪生技术进行认知的基础上，开展数字孪生伦理内容的研究。数字孪生的诞生有其自身的哲学思想渊源，数字孪生技术本质上是对"虚拟认识"的革新应用。数字孪生的认识不同于以往虚拟的认识与实践的二元关系，它是关涉主体对现实客体以及现实客体的"虚拟孪生体"的认识与实践的三元关系。数字孪生的发展也经历了一个"萌芽开端—技术集成—落地应用"的过程。数字孪生还具有为人类提供新的观察世界的视角、转变人类思维与解释世界的方式、有助于消解复杂事物中的不确定性、有助于进一步提高人类的认识能力等认知价值。

　　其次，该章对数字孪生的伦理研究进行了梳理。谈及数字孪生伦理，需要先明确伦理学研究的内容，当伦理学探讨的关于善恶是非、应当与否的问题延伸到科学技术领域，就成了科技伦理要讨论的问题。数字孪生作为一项技术应用当属科技伦理范畴，科技伦理的演变发展有其内在思想萌芽和建制化过程。进入世纪之交，以互联网技术作为开端的新兴技术的诞生促使人们开始关注技术会聚所带来的伦理影响，尤其是在 21 世纪的前 20 年，数字孪生技术以势不可挡的趋势蓬勃发展着，在为社会带来革新与促进人类幸福的同时，也引发了一系列的伦理问题，对相关领域进行深入研究具有适时性与必要性。本章对数字孪生的伦理特征从"技术本身+技术应用"两个视角进行了阐述。就数字孪生技术本身而言，数字孪生的伦理具有技术黑箱性、交互融合性、系统复杂性和伦理滞后性等特征；就数字孪生技术应用而言，数字孪生的伦理具有个体影响性、社会影响性、环境影响性和整体影响性等特征。

　　最后，该章对本书各章节的相关内容进行了介绍。对数字孪生的认知研究与伦理研究进行整体把握，有助于开展对数字孪生伦理内容的研究。有关数字孪生伦理内容的研究整体上可分为"数字孪生伦理问题"和"数字孪生伦理规制"两大类别，具体从"数字孪生技术本身"和"数字孪生技术应用"两大视角展开。本书聚焦于数字孪生技术本身的算法和数据伦理（包括数字孪生算法黑箱伦理、数字孪生算法权力异化伦理、数字孪生算法风险伦理、数字孪生算法素养伦理、数字孪生数据伦理），以及数字孪生技术应用的几大应用伦理（包括数字孪生人伦理、数字孪生工程伦理、数字孪生医疗伦理）。相关内容详见第三章至第十章。（见表 2-2）

表 2-2　数字孪生的认知与伦理研究

数字孪生的认知研究	数字孪生的伦理研究	本书章节的内容介绍
数字孪生的认知演变	数字孪生的伦理演变	数字孪生技术与伦理的研究
数字孪生的认知本质	数字孪生的伦理特征	数字孪生的算法与数据伦理
数字孪生的认知价值	数字孪生的伦理内容	数字孪生的应用伦理及规制

（二）数字孪生的算法与数据伦理

本书第二部分数字孪生的算法与数据伦理是第三章至第七章的内容。其中，第三章至第六章主要介绍与数字孪生算法有关的伦理问题及其规制，诸如数字孪生算法黑箱、数字孪生算法权力的异化、数字孪生算法风险以及数字孪生算法素养等。第七章主要介绍数字孪生数据的伦理问题及其规制。

第三章针对数字孪生算法决策中由于算法不透明而带来的"算法黑箱"使人们对数字孪生算法所形成的决策产生隐忧这一伦理问题，将"物理实体、连接、数据、虚拟模型、服务"作为数字孪生模型的五个维度，与"输入、处理、输出"算法运作的三层过程结构相结合，提出了一个数字孪生算法运作的"五维三构"模型。在本章中，我们依托这一模型梳理了数字孪生算法黑箱的生成机制。数字孪生算法黑箱的生成，既有源于数字孪生算法本身的机器学习技术的复杂性和数字孪生虚实融合的动态变化等的内部原因，又有诸如数字孪生内嵌了"人类非向善的价值观念"这一外部因素。首先，机器学习通过训练数据集，不断识别特征与建模，最后形成有效的模型，以达到能够像人类一样做出决策的目的。但正是由于机器学习能够根据训练数据或者学习数据自动计算确定系统运行所需要的参数，在提高决策效率与决策准确率的同时，也不可避免地带来了算法黑箱的问题。其次，数字孪生数据交互融合的动态性使得算法运行的难度较之前更为复杂化，数字孪生算法在应用过程中不仅要考虑系统之内的虚拟孪生数据的状态与特征，还要结合系统之外的客观物理世界中发生的实时动态变化的数据信息，才能做出符合当下情境、适合数字孪生主体的准确决策。但也正是这种数据交互融合的动态性，使得数字孪生算法黑箱的黑箱程度进一步加深。最后，当下的数字孪生技术将算法决策推向了更高的维度，通过构建现实物理世界中的虚拟孪生体，依托二者之间进行的实时的数据交互与虚实融合，人们期待数字孪生算法能够做出符合现实物理世界中主客体需要的决策。但我们往往会发现，在实现这种"准确且无偏"决策的过程中，工具化和技术化的算法决策往往由于内嵌了人类的价值观念而与人们最初的期待背道而驰。数字孪生算法黑箱本质上是由于技术进步所带来的不确定性风险，人们对数字孪生算法决策的担忧也正是源于这种不确定风险的存在。因此，人们可以采取以算法解释权的运用应对数字孪生机器学习算法的复杂性、以交流与协作的方式应对数字孪生数据交互融合的动态性、以伦理与法律的规制应对数字孪生技术内嵌价值非中立性的规制路径，以有效减少数字孪生算法黑箱所带来的不确定性风险，增强人们对数字孪生算法决策的信任度。（见表2-3）

表2-3　数字孪生算法黑箱的伦理问题与规制路径

数字孪生算法黑箱的伦理问题	数字孪生算法黑箱的伦理规制
数字孪生机器学习算法的复杂性	以算法解释权的运用应对
数字孪生数据交互融合的动态性	以交流与协作的方式应对
数字孪生技术内嵌价值非中立性	以伦理与法律的规制应对

　　第四章重点揭示了数字孪生算法权力发生异化给人类生存带来的一系列伦理问题，并针对相应的伦理问题提出了伦理规制路径。该章首先对数字孪生算法权力的相关内容进行了概述。数字孪生算法权力与福柯（Foucault）对权力的阐释不谋而合，该种权力不是纯粹地凌驾于人类主体之上，而是通过一种机制逐渐嵌入人类主体生活内部，由内及外地发挥作用。由于数字孪生本身具有鲜明的个性特征，这使得其算法权力也呈现出了不同于政治权力、法律权力的强制性、规范性、稳定性等的新特性，即时空超越性、多域融合性、自我实现以及实时执行等特征。数字孪生算法权力有着其自身的生成基础与运行机制。就数字孪生算法权力的生成基础而言，其主要包括技术本身的闭环物理信息系统、人类社会的数据化生存状态以及资本和公权力的嵌入保障。就数字孪生算法权力的运行机制而言，其主要表现为数字孪生算法权力主体的流动、算法权力关系的构建、算法权力网络的编织，从点到面实现权力的运作。数字孪生算法这一技术手段通过"穿针引线"，编织出一

张巨大、紧密而又复杂的数字孪生算法权力网络。在这张权力网中，数字孪生算法虽并非有形可见，但却实实在在地影响着每个个体，尤其是当数字孪生算法权力发生"异化"之时，将会给人类生存带来一系列的伦理问题。首先，由于数字孪生算法可以感知、预测物理对象的各项数据信息，将物理对象的内部结构、外部变化以及运行状态都变得透明化，这会使得在其"凝视"下的主体面临着从"隐私生活"到"赤裸生命"的困境。其次，由于数字孪生算法决策在效率和质量方面都要优于人的决策，久而久之，这会使得人的自主性和能动性受到压制，数字孪生算法权力不断对个体的思维和行为进行矫正，人们将面临从"自主能动"到"自主削弱"的困境。再次，由于数字孪生算法能够在虚拟空间中基于理想状态进行相应的模型组建和决策生成，但现实中往往会存在各种意外情况和条件限制，使得这种"理想状态"难以实现。而数字孪生算法所营造出的这种"理想状态"过于真实，致使人们面临着从"现实唯真"到"虚实难辨"的困境。最后，由于数字孪生算法能够以其内在的运行逻辑挖掘数据背后的信息，当其不断渗透参与到人类的生活领域中并被绝大多数人所盲目信任之时，这种算法权力将致使人类面临着从"复杂多样"到"同质单一"的困境。面对数字孪生算法权力异化给人类生存所带来的一系列伦理问题，我们可以采取进行以主体间性为核心的权力格局的调整、拥抱人与数字孪生算法技术的共生能动性、注重数字孪生算法技术的人文伦理的建设、重建数字孪生算法技术与人类之间的关系以及关注数字孪生算法技术公共善的伦理价值等方法予以应对。（见表2-4）

表 2-4 数字孪生算法权力异化的伦理问题与规制路径

数字孪生算法权力异化的伦理问题	数字孪生算法权力异化的伦理规制
从"隐私生活"到"赤裸生命"	进行以主体间性为核心的权力格局的调整
从"自主能动"到"自主削弱"	拥抱人与数字孪生算法技术的共生能动性
从"现实唯真"到"虚实难辨"	重建数字孪生算法技术与人类之间的关系
从"复杂多样"到"同质单一"	注重数字孪生算法技术的人文伦理的建设
	关注数字孪生算法技术公共善的伦理价值

第五章梳理了数字孪生算法风险所带来的各种问题挑战，厘清了其背后所涉及的一系列伦理问题，进而探讨了伦理治理的原则，并给出了相应的规制路径。数字孪生算法技术在应用过程中引发了诸如人的主体性削弱、数字孪生算法偏见、数字鸿沟风险、隐私侵犯困境、人与数字孪生算法的矛盾关系等一系列风险挑战和伦理问题。具体来看，由于算法决策的效率和质量往往优于人的决策，这使得人的主体性面临着不断被削弱的困境。数字孪生算法偏见的存在，损害了公众的基本权利和个体利益，进而加剧了社会层面的不平等。数字鸿沟的存在，则导致了不同主体对算法技术的可及与可使用情况呈现出不同的状态，尤其是对贫穷群体和老年人群体显示出了不友好。由于算法运算以大数据为"养料"，算法越"会算"，就越需要有更多的数据作为其"养料"，这不可避免地会导致产生个人的隐私侵犯困境等伦理问题。由于算法技术本质上是与人类自身"打交道"，所以"算法技术是否会超越人类的掌控范畴而成为阻碍人类进步的异化力量"这一伦理问题值得我们深思。对上述一系列问题的治理，我们可以在依循"明确算法安全可靠、坚持算法以人为本、贯彻算法公开透明、维护算法公平公正"原则的基础上，进行相应的伦理规制。第一，努力实现人的主体性回归，为此，要明确设定数字孪生算法应用的边界，避免过度依赖数字孪生算法。第二，要进行算法技术价值敏感性设计，将伦理道德价值内嵌于算法技术，从而减缩数字孪生算法技术和人类的伦理价值关切之间的距离。第三，要创新算法技术的伦理准则，采用自下而上的兼顾各方利益群体的伦理准则制定方法，提高准则的实效性。第四，要引入算法技术的责任伦理，明确划分责任人，树立全民责任意识。第五，要集聚算法治理的各方力量，坚持伦理与法律互补、伦理与监管互助、伦理与技术互协，协同共治。第六，要提升公众群体的算法素养，加强对公众的算法认知教育，引导公众弘扬向善的算法伦理，促进公众与算法技术构建和谐共生的关系。（见表2-5）

表 2-5　数字孪生算法风险的伦理问题与规制路径

数字孪生算法风险的伦理问题	数字孪生算法风险的伦理规制
人的主体性削弱	努力实现人的主体性回归
数字孪生算法偏见	算法技术价值敏感性设计
数字鸿沟风险	创新算法技术的伦理准则
隐私侵犯困境	引入算法技术的责任伦理
	集聚算法治理的各方力量
人与数字孪生算法的矛盾关系	提升公众群体的算法素养

第六章分析了数字孪生算法社会特征的空间、技术、主体三个重要向度，即在数字孪生算法社会中，数字孪生空间成了人类进行社会实践活动的新空间，数字孪生人成了数字孪生算法社会的主体，数字孪生算法技术则是有效地实现社会治理的治理术。这一图景揭示了数字孪生算法对人类社会发展的双重塑造作用。数字孪生算法在推动人们实现高度互联与高频互动，以及提高人类自身预测与推演能力等正向塑造的过程中，也对人类发展产生了逆向塑造的作用，表现为带来了一系列的数字孪生算法素养的伦理问题。首先，人类被简化为可被评分量化和评估的"物"。这将导致人被全盘数据化，人的个性化特征被舍弃，非理性因素被剥离，人将被高度地泛化、简化、抽象化、概念化。其次，人类成了无偿的生产孪生数据的数字劳工。这将使得人们在无形之中交付着自己的某些自由，陷入被算法奴役的困境。最后，人类会面临"技术性失业"，陷入客体化风险中。数字孪生算法的应用愈发强化了人工智能与实体经济的深度融合，使得机器越来越胜任乃至取代人类所从事的部分劳动，而部分群体所面临的"技术性失业"的困境在一定程度上会导致其自身缺失主体性，沦为被支配的个体。为提高对数字孪生算法社会的适应力，人们应努力提高自己的数字孪生算法素养，并进行数字孪生算法的伦理规制。在提高人们的数字孪生算法素养方面，可以从数字孪生算法知识、能力、思维、态度、道德五个层面着手：在知识层面，应熟知数字孪生算法的技术性知识和社会性知

识；在能力层面，应理解数字孪生算法并提高驾驭数字孪生算法的能力；在思维层面，应树立批判看待数字孪生算法的思维；在态度层面，应走近数字孪生算法并直面数字孪生算法；在道德层面，则应从人与技术两个维度培养数字孪生算法的伦理道德。在进行数字孪生算法伦理规制方面，人们要坚持以人为本为核心的治理指导思想，建立人与数字孪生算法的命运共同体，构建数字孪生算法道德从善的道德形态，强化数字孪生算法的道德责任构建，以及制定数字孪生算法伦理审查制度。（见表2-6）

表2-6　数字孪生算法素养的伦理问题与规制路径

数字孪生算法素养的伦理问题	
人类被简化为可被评分量化和评估的"物"	
人类成为无偿的生产孪生数据的数字劳工	
人类面临"技术性失业"，陷入客体化风险	
数字孪生算法素养的伦理规制	
（一）增强公众的数字孪生算法素养	（二）数字孪生算法的伦理规制
熟知数字孪生算法的技术性知识和社会性知识	坚持以人为本为核心的治理指导思想
理解数字孪生算法、驾驭数字孪生算法的能力	建立人与数字孪生算法的命运共同体
批判地看待数字孪生算法活动各个阶段的思维	构建数字孪生算法道德从善道德形态
走近数字孪生算法、直面数字孪生算法的态度	强化数字孪生算法的道德责任的构建
人与技术两个维度培养数字孪生算法伦理道德	进行数字孪生算法伦理审查制度建设

第七章展开了关于数字孪生数据伦理问题的探讨，并针对这些伦理问题，提出了要构建数字孪生空间中孪生数据伦理新秩序的愿景。近年来，随着数字孪生相关技术研究与应用的不断拓展与升级，孪生数据具备了全面获取、深度挖掘、充分融合、迭代优化、通用普适等特征。人们在享有孪生数据为日常生活带来方便的同时，也面临着陷入被孪生数据奴役的困境，数字孪生空间中孪生数据伦理的问题主要有以下四个方面。首先是身

处监控中的人类面临着隐私被侵犯、遗忘权利被剥夺、劳动伦理被侵蚀的困境。进入数字孪生时代，以往数据演变为孪生数据，数据监控也有可能成为一种更有力的新型控制方式。其次是人类面临着自由选择权丧失、未来被预测等人类价值被稀释的困境。在数字孪生时代，人类将身处"数据的牢笼"，孪生数据将逐渐代替人类做出判断和预测，衍生出代理人类，稀释着人类的价值。再次是孪生数据平台的垄断以及公权力客观上的助推作用也可能导致孪生数据权威的形成。在这种看似并非强权但本质隐性强制的权力下，个体几乎没有讨价还价的余地，人类的行为正受到切实的影响。最后是人文关怀逐渐迷失。于社会层面而言，孪生数据以其自身的独特价值加剧了数字鸿沟产生的可能，进而威胁了社会的公平正义；于个体层面而言，孪生数据以其精准的"度量性"，对人们的生活进行测量计算，每个个体都被打上数据的标签，生命意义维度被排斥在外。

面对这些伦理问题，第七章提出了要构建数字孪生空间中的孪生数据伦理新秩序加以规制。首先是法律层面要保障人类的合理性权利，采用法律政策对个体的隐私权和被遗忘权进行保护。其次是道德层面要加强人类自身伦理建构，以重塑人的主体性，培育人的伦理意识，加强人的道德修养和道德约束。再次是合理规制孪生数据技术。通过厘清平台数据权力，限定技术的使用性边界；通过破除孪生数据垄断，回归技术的工具性本质；从技术本身寻求解决之道。最后是加强人文主义价值的培养。复原人的目的性、坚持以人为本的理念、培育积极的社会情感、强化人类的价值理性，以此来应对孪生数据所带来的伦理困境。（见表2-7）

表 2-7　数字孪生数据的伦理问题与规制路径

数字孪生数据的伦理问题	数字孪生数据的伦理规制
身处监控中的人类	保障人类的合理性权利
人类的价值被稀释	加强人类自身伦理建构
孪生数据威权形成	合理规制孪生数据技术
人文关怀逐渐迷失	加强人文主义价值培养

（三）数字孪生的应用伦理

本书第三部分重点关注了数字孪生应用的几个典型场景，即数字孪生人、数字孪生工程、数字孪生医疗等数字孪生技术应用实践过程中所涉及的伦理问题及其相应的伦理规制，通过对典型应用场景中伦理问题的梳理来推动数字孪生在更多场景中的落地应用。

第八章所阐述的内容是，基于数字孪生技术，人类除了作为一种物质实体存在外，又化身出一种新的由数据浸润的、脱离生物基础的数字孪生人。数字孪生人作为现实人在赛博空间的镜像、映射与孪生，极大地弥补了人类认知自我的能力，但同时又带来了一系列伦理隐忧。

该章首先对数字孪生人这种新生命形式进行了一般界定，并指出其具有数据浸润性、信息化的身体、与现实人实时交互和同生共长，以及相似版的现实人四个重要特征。其次，梳理了数字孪生人主要是对现实人自我认知的主观局限、感知局限、时空局限方面进行了弥补的问题。再次，重点分析了数字孪生人所引发的伦理隐忧：一是实时且放大的隐私伤害。数字孪生人不仅能够与现实人保持实时连接，还能够基于从现实人处获取的实时数据深度挖掘其背后的信息，这使得现实人的身体状态乃至一切行为都变成透明的，个体隐私处于实时且被放大的伤害中。二是数据控制与透明化社会。在未来，数字孪生人有望成为识别个体身份的证明，我们每个人都是隶属于庞大体系的数据化的身份个体，若个体失去自己的孪生数据，将有可能面临着被社会"驱逐"的风险。三是量化与单一的数据人类。数字孪生人的存在使得现实人这一"物质实体"降格为量化且单一的"数据人类"，在这一变化过程中，既往的人文主义关怀或许会由"在场"逐渐演变为"离场"。四是数字鸿沟问题的日益严峻。技术革新所带来的数字鸿沟问题已不仅仅关系到整个人类社会的公平正义，还关系到人类自身安身立命的问题，数字孪生人的应用将使得每个人的"生命机会"变得相去悬殊。最后，该章对上述数字孪生人应用过程中的伦理问题给出了相应的规制路径：一是要采取对个人隐私的保护与让渡的方法来应对实时且放大的隐私伤害，具体路径为强化公众自愿"牺牲"部分隐私的意识，构筑"坚守底线 + 同意让渡"的社会隐私制度，建立道德化的数字孪生技术框架。二是要对数据控制进行相应的批判与反抗，以应对数据控制与透明化社会这一伦理问题，具体路径为以身体的自然性和经验性对抗抽象统治、唤醒身体内在的反抗意识、促成身体权力的实现。三是要通过在数据化中坚守生命本质来应对量化与单一的数据人类这一伦理问题，具体路径为明确现实人和数字孪生人之间的关系界限，在现实人的数据信息被映射的同时，也要兼顾必要的人文关怀。四是通过对数字孪生技术"补缺"以促进其服务可及化、进行基于平等和正义价值原则的算法技术伦理设计、重塑更具公共性和包容性的数字孪生技术底层逻辑等路径来弥合日益严峻的数字鸿沟。（见表 2-8）

表 2-8　数字孪生人的伦理问题与规制路径

数字孪生人的伦理问题	数字孪生人的伦理规制
实时且放大的隐私伤害	对个体隐私的保护与让渡
数据控制与透明化社会	对数据控制的批判与反抗
量化与单一的数据人类	在数据化中坚守生命本质
数字鸿沟问题日益严峻	弥合日益严峻的数字鸿沟

第九章介绍了数字孪生工程的独特价值，其最核心的价值是预测与优化实体工程，此外，数字孪生工程还能够监控管理工程实体的运行状况，减少系统危机，维护系统有序结构，具有低成本试错的重要价值。当前数字孪生工程存在的主要问题有以下三方面：一是面向复杂巨系统的数字孪生工程建设存在困难。当前的复杂巨系统的数字孪生建设虽然远远难于一般物理对象的孪生体构建，但其仍然没有跳出还原论的视角，同时，其在构建的过程中不仅执着于在因果关系的预设下进行干预，而且通常采用"竖井式"建设思维，局限于实体工程的部分而忽视了从整体视角进行全

局把握。二是对强计算主义具有依赖性。在强计算主义基础上开展的数字孪生工程仅仅关注数据计算和符号处理，而这种单方面依靠理性知识和技术能力的数字孪生工程往往会压制人的体验、意识和主观能动性。三是引发人文价值忧患。数字孪生工程不仅引发了对"人是什么"这一问题的重新追问，更使人的尊严受到挑战，导致人的体力和智力发生不同程度的退化。

面对数字孪生工程所产生的这一系列伦理问题，本章给出了以下三方面伦理规制路径：一是在进行复杂巨系统的数字孪生工程建设时要以整体论为指导，避免还原论映射。具体措施包括，通过实现数字孪生体与人的意图的融合来引导复杂巨系统，要注意获取复杂巨系统的全面的开放的数据信息，要摆脱孤立的线性思维方式，同时对于其管理应尊重多样化需求。二是在数字孪生工程实施的过程中，要注重发挥人的主观能动性。在依托强计算主义进行的数字孪生工程决策过程中，人所独有的无法被技术化的主观能动性的适当参与仍然是非常必要的。三是要重视数字孪生工程的人文价值。在合理考虑风险的同时以积极的态度待之，以科学之举对待数字孪生工程的人文价值忧患，进行对数字孪生工程后果的充分论证和预测，加强对数字孪生工程发展的宏观调控，并建立合理的社会管理和调节机制。

第九章最后对数字孪生工程的伦理进行了审思，其带来的伦理风险主要包括技术伦理风险、利益伦理风险以及责任伦理风险三个方面。为规避数字孪生工程可能带来的伦理风险，数字孪生工程应该采取一定的伦理规制措施，具体包括以下五点：第一，数字孪生工程发展应以增进人民福祉为着力点，保护人类的尊严和隐私，防止人类利益遭受损害，确保数字孪生工程活动守住伦理底线。第二，坚持协同治理的理念，发展以政府为主导，高校、科研院所、企业、社会公众等多元主体共同参与的数字孪生工程的协同伦理治理新格局。第三，完善数字孪生工程伦理治理的制度建设。一方面应该加强数字孪生工程伦理审查监督的制度化建设，另一方面要推动数字孪生工程伦理治理的法治化建设。第四，重视数字孪生工程伦理教育，以增强高校学生群体对数字孪生工程伦理的重视程度，并帮助他们树立正确的数字孪生工程伦理观。第五，加强数字孪生工程师的道德修养，数字孪生工程师尤其要注重追求真善美和保持道德独立性。（见表2-9）

表2-9 数字孪生工程的伦理问题与规制路径

数字孪生工程的伦理问题	数字孪生工程的伦理规制
面向复杂巨系统的数字孪生工程建设存在困难	复杂巨系统的数字孪生工程须以整体论为指导
数字孪生工程的决策对强计算主义具有依赖性	实施数字孪生工程要重视发挥人的主观能动性
数字孪生工程实施过程中将引发人文价值忧患	不能忽视数字孪生工程中的人文价值因素考量
数字孪生工程的伦理反思	
数字孪生工程的伦理风险	数字孪生工程的伦理治理

在第十章中，随着当下人们对智能医疗和健康管理的关注，"数字孪生+医疗"越来越成为解决当前医疗需求的有效方案之一。目前，数字孪生医疗的研究应用主要集中在人体孪生模型、疾病孪生模型、药理生物模拟、传感器设备研发等领域。该章将数字孪生医疗聚焦于患者群体、医疗设备、医护人员、医院实体，基于"模型+数据"双驱动构建出了数字孪生医疗模型，同时依据该模型，从数据、算法、医患、社会等视角，对数字孪生技术应用到医疗领域中所带来的新的伦理问题进行了深入研究，并提出了相应的规制路径。首先是数字孪生医疗模型初建时的数据伦理问题，具体表现为医疗孪生数据采集过程中的个人隐私权问题和医疗数据采集完成后的现实性代表问题，前者包括数据被动泄露问题和数据主动删除问题，后者包括个体价值差异的体现问题和因果关系向相关关系的转换问题。其次是数字孪生医疗模型运作时的算法伦理问题，具体表现为AI机器

学习算法黑箱产生的风险性决策问题和 AI 机器学习算法推荐产生的技术性遮蔽问题。再次是数字孪生医疗模型应用时的医患伦理问题，具体表现为数字孪生技术应用下医患间的关系重构问题和量化自我问题。最后是数字孪生医疗模型发展时的社会伦理问题，具体表现为数字孪生医疗所引发的个体及区域数字鸿沟问题和医疗公平问题。本书对上述的数字孪生医疗伦理问题提出了相应的规制路径。首先，对于数字孪生医疗模型初建时的数据伦理问题，应转变对个人隐私权保护的思路，并关注孪生数据背后的现实意义；其次，对于数字孪生医疗模型运作时的算法伦理问题，应在智能医疗机器设备嵌入伦理道德，并推动个体及相关利益者关照患者的生命健康；再次，对于数字孪生医疗模型应用时的医患伦理问题，医患间应兼顾孪生与现实关系并明确量化数据的蕴意；最后，对于数字孪生医疗模型发展时的社会伦理问题，社会各方应协作共同缓解数字孪生医疗数字鸿沟问题，同时，政策法规应该先行保障个人及区域的医疗公平。（见表 2-10）

表 2-10　数字孪生医疗的伦理问题与规制路径

数字孪生医疗的伦理问题	数字孪生医疗的伦理规制
一、数字孪生医疗模型初建：数据伦理问题	一、数字孪生医疗模型初建：数据伦理问题应对
1. 医疗孪生数据采集过程中的个人隐私权问题 2. 医疗孪生数据采集完成后的现实性代表问题	1. 转变对个人隐私权保护的思路 2. 关注孪生数据背后的现实意义
二、数字孪生医疗模型运作：算法伦理问题	二、数字孪生医疗模型运作：算法伦理问题应对
1. AI 机器学习算法黑箱产生的风险性决策问题 2. AI 机器学习算法推荐产生的技术性遮蔽问题	1. 智能医疗机器设备嵌入伦理道德 2. 个体及相关利益者关照生命健康

续表2-10

数字孪生医疗的伦理问题	数字孪生医疗的伦理规制
三、数字孪生医疗模型应用：医患伦理问题	三、数字孪生医疗模型应用：医患伦理问题应对
1. 数字孪生技术应用下医患间的关系重构问题 2. 数字孪生技术应用下医患间的量化自我问题	1. 医患间兼顾孪生与现实关系 2. 医患间明确量化数据的意义
四、数字孪生医疗模型发展：社会伦理问题	四、数字孪生医疗模型发展：社会伦理问题应对
1. 数字孪生医疗引发个体及区域数字鸿沟问题 2. 数字孪生医疗引发个体及区域医疗公平问题	1. 社会各方协作缓解数字孪生医疗数字鸿沟问题 2. 政策法规先行保障个人及区域的医疗公平

第二部分

数字孪生的算法与数据伦理

第三章

数字孪生的算法黑箱与伦理规制

　　本书把"物理实体、连接、数据、虚拟模型、服务"作为数字孪生模型的五个维度，与"输入、处理、输出"算法运作的三层过程结构相结合，提出一个数字孪生算法运作的"五维三构"模型。这一模型有助于厘清数字孪生算法黑箱的生成机制，并探寻其有效治理的路径。数字孪生机器学习算法的复杂性、数字孪生数据交互融合的动态性、数字孪生技术内嵌价值非中立性等因素，是造成其算法黑箱的内外部原因。数字孪生算法黑箱本质上是由于技术进步所带来的不确定性风险，人们对数字孪生算法决策的担忧也正是源于这种不确定风险的存在。因此，我们可以采取以算法解释权的运用应对数字孪生机器学习算法的复杂性、以交流与协作的方式应对数字孪生数据交互融合的动态性、以伦理与法律的规制应对数字孪生技术内嵌价值非中立性的治理路径的方式，有效减少数字孪生算法黑箱所带来的不确定性风险，增强人们对数字孪生算法决策的信任度。

作为新一代信息技术的代表性产物，数字孪生集成与融合了互联网、大数据、人工智能、物联网、可视化技术等多种新兴技术，越来越成为当下及未来科学决策和工程实践的重要依据，并深刻地影响着人们的生产和生活。在依托数字孪生形成决策的过程中，算法运作是核心和关键之所在。然而，算法的"不透明性"所带来的"算法黑箱"问题，使得人们对数字孪生算法形成的决策产生了隐忧。本文提出了一个理解数字孪生算法黑箱的"五维三构"模型，并分析了数字孪生算法黑箱的生成机制与相应的治理路径，以期增强人们对数字孪生算法决策的信任度。

一、数字孪生算法黑箱的生成机制

数字孪生是指基于现实世界中的物理实体，在数字化空间中构建其完整映射状态下的全生命周期的虚拟模型，通过集成多学科、多物理性、多尺度的仿真过程，有效实现物理实体与虚拟模型之间的交互反馈与虚实融合，从而达到以虚控实，优化现实物理世界的目的。[①] 数字孪生具有精准映射、交互融合、动态仿真等特征，这使得其算法黑箱的研究更具独特性。

研究数字孪生的算法黑箱问题，首先有必要分析"算法"与"算法黑箱"的概念。算法最初表示为一种数学运算过程，通常理解为解决问题的程序、步骤。而随着大数据、人工智能、数字孪生等新一代信息技术的蓬勃发展，算法被不断赋予新的意义，其地位也越来越重要。算法黑箱则是随着算法的发展和广泛应用而产生的一个新概念，顾名思义就是指在某个系统内部有一些不为人所知晓的"黑箱式"算法的存在。

---

① E. Glaessgen, D. Stargel. "The Digital Twin Paradigm for Future NASA and U. S. Air Force Vehicles", Proceedings of the 53rd Structures Dynamics and Materials Conference. Special Session on the Digital Twin. Reston：AIAA, 2012：1-14.

（一）算法与算法黑箱的界定

算法可以追溯到我国古代的《周髀算经》，当时被称为"术"；在中国之外的其他地域，"算法"（algorithm）一词被认为是由阿拉伯的数学家阿尔-花剌子米（al-Khwārizmi）（约780—约850）的拉丁文名字演变而来的。阿尔-花剌子米在其《代数学》一书中明确提出了代数，因此算法在当时被理解为运用阿拉伯数字进行计算。① 直到著名的图灵机模型的提出，算法的内涵才有了进一步的界定和发展。图灵机可以被理解为一种假想的计算机抽象模型，该模型主要由输入集合、输出集合、内部状态集合和固定程序四要素组成。以当下的认知来看，计算机处理信息的本质就是一个算法，通过算法的运作，使计算机完成一个特定的程序任务。由此，算法即可被理解为包括输入、输出和隐层的一套程序指令或步骤。② 一直以来，人们将算法的概念界定为进行某项工作或解决某种问题时的步骤和方法；③而随着新一代信息技术的发展，算法概念的内涵和外延有了更深层的发展，算法越来越成为一种决策参考的依据与技术力量的化身。

"黑箱"的概念源于1956年英国学者W. R. 艾什比（W. R. Ashby）在《控制论导论》一书中阐述的"黑箱也称闭盒、暗盒或黑匣、暗匣，它是指这样一个系统，我们只能看到它的输入值和输出值，而不知道它的内部结构是什么，只有从观察输入变化引起的输出反应，来认识其功能和特性"④。我国学者陶迎春在《技术中的知识问题——技术黑箱》中将黑箱解释为"为人所不知的，那些既不能打开，又不能从外部直接观察其内部状

① 参见张淑玲《破解黑箱：智媒时代的算法权力规制与透明实现机制》，载《中国出版》2018年第7期，第49-53页。

② 参见［意］卢西亚诺·弗洛里迪《第四次革命：人工智能如何重塑人类现实》，王文革译，浙江人民出版社2016年版，第107页。

③ 参见仇筠茜、陈昌凤《基于人工智能与算法新闻透明度的"黑箱"打开方式选择》，载《郑州大学学报（哲学社会科学版）》2018年第5期，第84-88、159页。

④ ［英］W. R. 艾什比：《控制论导论》，张理京译，科学出版社1965年版，第53页。

态的系统"①。这其中难以窥探的"隐层"就是"黑箱"之所在。因此，"算法黑箱"被界定为算法设计者运用不透明的程序将输入转换为输出的过程，人们只能通过输入和输出来进行理解，而不知道其内部工作原理。②

学术界对算法黑箱的研究大多聚焦在新闻传播算法、人工智能算法等领域，而对于当下及未来的研究热点"数字孪生"却较少有专门的"算法黑箱"研究。数字孪生作为一种集成式的技术，呈现出与上述领域不同的算法黑箱新特点。对于这些特点的具体分析不仅有助于更好地认识算法黑箱，而且能够推进数字孪生技术的进一步落地应用。

（二）数字孪生算法黑箱的生成机制

按照著名学者陶飞教授等人在《数字孪生五维模型及十大领域应用》一文中提出的数字孪生五维结构（物理层—连接层—数据层—模型层—服务层），③ 相应公式可表示如下：

$$M_{DT} = (PE, CN, DD, VE, Ss)。 \tag{1}$$

再结合数字孪生算法（A_{DT}）的数据处理过程"输入（Ia）—处理（Pa）—输出（Oa）"，相应公式可表示如下：

$$A_{DT} = (Ia, Pa, Oa)。 \tag{2}$$

综合（1）和（2），从系统架构的角度，提出数字孪生与算法之间运作过程的"五维三构"模型，如图3-1所示。

---

① 陶迎春：《技术中的知识问题——技术黑箱》，载《科协论坛（下半月）》2008年第7期，第54-55页。

② J. Burrell. "How the Machine 'Thinks': Understanding Opacity in Machine Learning Algorithms", *Big Data & Society*, 2016（1）：2. W. J. Von Eschenbach. "Transparency and the Black Box Problem: Why We Do Not Trust AI", *Philosophy & Technology*, 2021（4）：1607-1622.

③ 参见陶飞、刘蔚然、张萌等《数字孪生五维模型及十大领域应用》，载《计算机集成制造系统》2019年第1期，第1-18页。

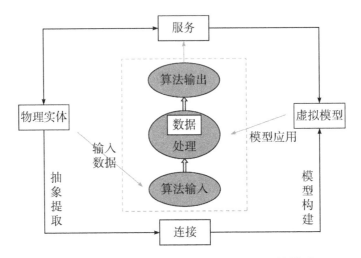

图 3-1　数字孪生算法运作过程——五维三构模型

（注：就数字孪生算法黑箱而言，其涉及孪生模型构建和孪生模型应用过程中的
算法黑箱问题。）

　　从图 3-1 中可以清晰地看出，物理实体、连接、数据、虚拟模型、服务构成了一个闭环的信息物理系统。而在这个闭环的信息物理系统之内，输入、数据（处理）与输出的算法运作思维始终相伴存在。"五维三构"模型从数字孪生模型五个维度和算法运作三个层次结构，清晰地表达了数字孪生的算法运作过程，为进一步探究"算法黑箱"问题提供了模型化的表达。

　　如果我们把数字孪生的运作过程类比为一株绿色开花植物的生长过程，那么物理层中的物理实体对象就像植物的根，扎根土壤充分吸收水分和无机盐，这些就是物理实体对象在客观物理世界中所具备的特征集合与各种数据信息。物理实体维度可作为数字孪生算法输入的初始起点环节。虚拟孪生模型构建所需的各种数据信息和特征集合皆是对物理实体对象的"精准映射"，数字孪生算法初始输入的各种参数信息正是对物理实体对象进行特征选择和特征提取之后的结果。这部分初始数据后续会作为基础数据与物理对象生成的实时数据一同为数字孪生算法处理过程提供数据支撑。同时，数字孪生中的连接维度能将物理实体对象的各种信息和实时动态数据传输给虚拟孪生模型以供建模。因此，来源于现实物理实体的数据信息准确传输或精准映射到计算机数据平台的过程，既是数字孪生算法输入的过程，也是相应孪生模型构建的过程。

植物中茎的作用是输送水分、无机盐和有机物，而输送传递功能正是数字孪生中连接层所发挥的作用。数字孪生中的连接层不仅能将物理实体对象的各种信息和实时动态数据传输给虚拟孪生模型以供建模，还能将虚拟孪生模型生成的数据输出转化应用到物理实体中，从而生成服务。正是数字孪生的连接层保证了物理实体对象与虚拟孪生模型之间的实时动态交互，最终能够将数字孪生模型下的数据信息创造性地生成相应的服务供给。实质上，连接层所承担的算法运作过程涵盖了输入、数据（处理）和输出的各个环节。输入环节和输出环节正如前所述，物理实体数据传输到虚拟孪生体中即为输入过程，虚拟孪生体中的数据最终被应用到现实物理实体中即为输出过程。而其中的数据（处理）环节，即数字孪生虚拟模型的构建过程以及将模型运用于特定对象，自动化决策生成过程正是本书所要论述的重点——数字孪生的算法黑箱问题。

植物的叶通过叶绿体进行光合作用，制造有机物等物质，最终促使植物开花。这个过程如同数字孪生数据层中的算法在隐层对数据进行处理，从而构建出虚拟孪生模型。虚拟模型维度与数据维度共同作为数字孪生算法处理的环节。二者为数字孪生算法处理过程提供了可视化的虚拟载体和必要的数据支撑。孪生数据是数字孪生运行的核心驱动，从算法运作的初始输入环节——物理实体数据，到算法处理过程中的虚拟模型数据，以及虚实融合、动态交互过程中生成的融合数据，正是基于这些数据的支撑，才保障了算法运作最终能够到达算法输出环节，从而生成服务系统数据。数字孪生依托物理实体的各种几何、物理、行为以及规则等数据信息，才得以构建孪生模型。模型构建完成之后，最为关键的便是虚拟模型数据及动态融合数据的算法处理、自动化决策生成的过程，但不同于叶绿体所进行的光合作用的具体机制已经被科学研究所认识，数字孪生虚拟模型运作的过程目前对于人类来说仍是未知地带，而这种未知地带被人们形象地称为"算法黑箱"。

植物最终结出果实，正如同数字孪生中服务层的作用。服务维度可作为数字孪生算法输出的最后终点环节。数字孪生本质上是一种集成式的技术应用，其最终目的是满足人们的应用需求，提高事物的运行效率。数字孪生的真正功能在于，在数字化空间中完成对虚拟孪生模型的构建，从而搭建起虚拟孪生世界同现实物理世界之间的桥梁，并在物理实体对象全生命周期内进行数据反馈与虚实融合，经过大量的数据累积与迭代优化，使数字孪生能够基于模型优化物理对象，提高物理世界资源配置效率，赋能基于模型的正向研发和协同创新。就数字孪生的具体应用而言，依据不同用户的选择和应用需求，数字孪生的输出服务层可提供仿真模型、智能运算、运行监控、故障诊断等方面的服务供给；还能将用户所需的各类数据、模型、算法、仿真、结果等进行服务化封装，并以应用软件或移动端App的形式提供给用户，实现对服务的便捷与按需使用。① 因此，数字孪生模型通过算法运作生成算法决策的过程是算法输出环节，而最终生成服务并应用到物理实体中则为算法运作的终点环节。

数字孪生的算法运作过程，正如同一株绿色开花植物的生长过程一般。根、茎、叶、花、果实，正如同物理实体、连接、数据、虚拟模型、服务。在这其中，数据从物理实体到虚拟模型是算法的输入环节，从数据传输到虚拟模型进行模型构建和算法运作决策的过程是算法的处理环节，数据经由虚拟模型到生成服务进而再应用到物理实体属于算法的输出环节。实质上，数字孪生的算法输入、数据（处理）、输出等环节的界限往往并不如此分明，它们是相互渗透存在的，且依靠连接维度实现实时动态连接与信息传递，依靠模型与数据双驱动实现数字孪生的虚拟模型建构与智能算法运行。但总体而言，数字孪生的五维模型与算法的三个层次结构

---

① 参见陶飞、张贺、戚庆林等《数字孪生十问：分析与思考》，载《计算机集成制造系统》2020年第1期，第1—17页。

紧密相关。其中的数据不仅是孪生模型的核心驱动，更是算法运作过程中的重要数据支撑，而算法数据的处理过程又伴随着不为人知的"算法黑箱"。本书接下来将重点深入探讨数字孪生算法黑箱形成的原因与治理路径。

（三）对算法黑箱的理性态度

一方面，算法黑箱意味着"不透明"与"不可知"；另一方面，算法黑箱也是减少复杂性的手段。有学者通过列举网上冲浪的普及化以及智慧城市交通红绿灯的例子，形象地说明了算法黑箱本质上是一种把技术细节隐藏起来的工程实践，是减少技术复杂性的手段。[①] 然而，恰恰是这种技术手段，虽然能够帮助人们减少事物复杂性所带来的困扰，提高决策效率，但仍然无法使人们忽视对其背后所暗含的算法黑箱的"不透明"与"不可知"的关注。

人们对算法黑箱的担忧，本质上是在惧怕一种"不确定性风险"。在对一般事物的认知过程中，人们会在脑海中建立相应的模型，这类事物通常是人们所熟知的或依据前人经验能够探寻到的"确定性"事物。对于这类事物而言，人们不太会产生恐惧感；而一旦在人们面前出现无法探寻其形成原理和运行机制，即人们不能确定和掌控的事物时，往往就会产生担忧甚至恐惧的心理状态，这也符合人类认知的客观规律。

如同"算法黑箱"一样，由于人们无法知晓与掌控其"黑箱"之内的状态，难免会对其可能带来的或已经形成的负面影响进行"预判"和"改变"。但我们不得不承认的是，就目前的技术发展程度与人类认知水平而言，人们还无法从根本上解决算法黑箱问题。尽管如此，人类从未停止探寻的脚步。算法黑箱无疑会给人们带来担忧与恐惧，甚至是更难以调和的利益与矛盾冲突，例如，随之而来的算法价值偏见、算法权力异化等。但

---

① 参见衣俊霖《数字孪生时代的法律与问责——通过技术标准透视算法黑箱》，载《东方法学》2021年第4期，第77-92页。

作为人类的我们，自然不能听之任之，而应该以一种理性的态度去应对。就数字孪生的算法黑箱问题而言，既然其目前无法从根本上被解决，那么，"减少数字孪生算法黑箱所带来的不确定性风险，增强人们对数字孪生算法的信赖度"似乎是更为可行的着手点之一。

二、数字孪生算法黑箱的成因分析

数字孪生算法黑箱的生成，既有源于数字孪生算法本身的机器学习技术的复杂性和数字孪生虚实融合的动态变化等内部原因，又有诸如数字孪生内嵌了人类非向善的价值观念这一外部因素。

（一）数字孪生机器学习算法的复杂性

在数字孪生算法黑箱的成因分析中，数字孪生本身所运用的机器学习算法的复杂性是造成黑箱生成的尤为重要的原因。数字孪生模型构建的初衷是将物理世界中存在的各种数据信息同步于虚拟孪生世界，同时，在数字孪生模型中进行各种参数变动与未来预测，从而以较低的成本、更快捷的速度做出符合当下情境的最优决策。其中最重要的一环就是数字孪生虚拟模型的构建与应用，与之始终相伴存在的是机器学习算法。

机器学习通常被描述为"计算机模拟并实现人类的学习的行为过程，通过向系统提供训练数据或学习数据，能够自动确定系统的参数"①。换言之，机器学习通过训练集，不断识别特征与建模，最后形成有效的模型，以达到能够像人类一样做出决策的目的。但正是由于机器学习能够根据训练数据或者学习数据自动计算确定系统运行所需要的参数，在提高决策效率与决策准确率的同时，也不可避免地带来了算法黑箱的问题。

在实现数字孪生的过程中，无论是虚拟模型的构建环节，还是虚拟模

① L. Bottou. "From Machine Learning to Machine Reasoning: An Essay", *Machine Learning*, 2014 (2): 133.

型的应用环节，都离不开机器学习技术的应用。机器学习按照训练方法，可分为监督学习、无监督学习、强化学习三种类别，而与之相对的数字孪生的算法黑箱的"黑箱程度"也在不断加深。

对于监督式机器学习而言，其对数字孪生虚拟模型的构建发挥着重要作用。数字孪生模型不同于之前的实体模型或数字化建模，它有着更高且更真实的"仿真性"，不仅需要对物理实体对象的几何数据、物理数据进行模型构建，更需要对其行为数据、规则数据进行虚拟映射。监督式机器学习是指，人们事先已经明确了自己想要的目标结果，在系统对训练集数据形成自己的判断方法后，就能够对新的测试集进行解答，得到人们想要的结果。[1] 尤其是针对数字孪生模型构建时的大规模数据采集的过程，借用监督式机器学习算法，能够高效率地将数据类型进行分类，准确地将这些数据信息归为几何类、物理类、行为类、规则类。在这个过程中，算法的输入端和输出端在一定程度上都是能够被确定的，或者说处于人们可掌控的范围之内，此时的算法黑箱可以被理解为从输入值映射到期望输出值的函数处理过程。

但是，对于无监督式机器学习而言，无论是输入数据，还是输出数据，乃至中间的机器学习计算过程，人们都无法形成明确的认识。数字孪生在模型建构与决策应用环节采用的无监督式机器学习算法所造成的算法黑箱问题的影响尤为严重。由于数字孪生所面对的数据集规模相当之大，若采用监督式机器学习算法，所需要负担的成本相应也会很高。无监督学习的任务是从给定的数据集中挖掘出潜在的结构，相较于监督式机器学习，无监督式机器学习是一个没有标签的数据集，是基于数据之间的相似性进行聚类分析学习的。[2] 这在降低了数字孪生模型初始数据的分类成本

① M. Praveena, V. Jaiganesh. "A Literature Review on Supervised Machine Learning Algorithms and Boosting Process", *International Journal of Computer Applications*, 2017 (8): 32.

② M. Usama, J. Qadir, A. Raza, et al. "Unsupervised Machine Learning for Networking: Techniques, Applications and Research Challenges", *IEEE Access*, 2019, 7: 65580.

的同时，不可避免地使系统的输入端、输出端以及中间的学习计算过程形成了一个全流程的闭环，这时的算法黑箱表现为人们无法窥探到其中的任何一个环节，黑箱程度明显加深。

（二）数字孪生数据交互融合的动态性

当我们从人类认知角度对数字孪生进行界定时，会发现它是一种全新的认识客观世界与人类自身的方法，而这种方法得以实现的一大原因是数据的表征与计算。数字孪生虚拟模型的构建实现了数据的表征化，这一过程将现实物理世界中繁杂的特征与信息转换成计算机可以读取和处理的数据，并同步于孪生世界之中（即图3-1算法输入及孪生模型构建过程）；数字孪生虚拟模型的应用实现了数据的计算化，而算法在其中起到了关键性作用（即图3-1孪生模型运作及算法输出过程）。尤其是学习型算法，它能够在无须人为干预的自然状态下，利用数据进行自动学习，从而具有调整系统运行参数与形成决策规则以及进行未来预测的能力，最终生成各种服务以优化物理世界的运行。

当我们对数字孪生算法黑箱的成因进行深度分析时，就会发现，数字孪生数据交互融合的动态性不仅是数字孪生技术的显著特征，更是造成其算法黑箱形成的另一重要原因。就强化学习而言，数字孪生算法黑箱的黑箱程度已经完全脱离了人类能够掌控的范围。数字孪生在虚拟孪生模型构建完成后，就需要和现实物理世界进行实时的动态交互与虚实融合，在这个过程中，数字孪生系统内会生成大量可供参考的决策制定经验。强化学习是一种常用于"时变系统控制规则构建"的机器学习方法，这种学习方法一般是将机器置于一个能够不断进行反复试验的环境当中，通过对经验的自动学习与重复试错，最后形成一套属于自己的决策方法，同时还能够从经验中学习最新的知识以对未来情况做出预测判断。[1] 强化学习重点关

---

[1] Li Y., Du X. Y., Xu Y. H. "Research and Analysis of Machine Learning Algorithm in Artificial Intelligence", *Artificial Intelligence Advances*, 2020 (2): 89.

注的是机器与环境之间的交互与反馈，系统会根据强化学习的效果给予正奖励或负惩罚。

数字孪生虚拟模型在进行应用之时，即通过虚拟孪生数据与现实物理数据进行的实时交互以做出决策的过程中，强化学习正是通过学习这些从连续实时监控中收集到的几何、物理、行为与规则数据，并以从环境和系统中得到的正奖励作为生成动态决策的依据来运行的。数字孪生数据交互融合的动态性使得算法运行的难度较之前更为复杂化，数字孪生算法在应用过程中不仅要考虑系统之内的虚拟孪生数据的状态与特征，更要结合系统之外的客观物理世界中发生的实时动态变化的数据信息，才能做出符合当下情境、适合数字孪生主体的准确决策。但也正是这种数据交互融合的动态性，使得数字孪生算法黑箱的黑箱程度进一步加深。

例如，当数字孪生被应用于人类自身构建数字孪生人之时，算法运行的过程便贯穿于生命体"全生命"周期之内。现实世界中的生命体一定会随着环境的变化而发生变动，随之而来的就是与生命体相关的数据的变动与更新。这种变动会随时传送到已经构建的数字孪生虚拟人中，当算法想要作出符合数字孪生主体的决策之时，就不得不考虑二者之间的融合与交互。正是这种交互融合，大大加深了算法决策的复杂性，从而进一步加深了算法黑箱的黑箱程度。

（三）数字孪生技术内嵌价值非中立性

如果将数字孪生机器学习算法的复杂性以及数据交互融合的动态性所造成的数字孪生的算法黑箱问题归结为数字孪生技术及算法本身所造成的，那么数字孪生技术内嵌的价值非中立性则可归结为外部人为因素加深了数字孪生算法黑箱的黑箱程度。由于人的决策不仅容易受到判断误差的影响，更容易受到诸如认知程度、情绪波动、环境变化等判断噪声的影响，带有极大的主观性；而算法决策通过算法程序的运行，具有高度的专业性与客观程序性以及极强的工具理性等特征。正是凭借着算法所具备的决策高效率与高度精准化的特征，现如今越来越多的决策是依靠算法形成而非人为进行的，人的决策逐渐让位于算法决策。① 当下的数字孪生技术更是将这种算法决策推向了更高的维度，通过构建现实物理世界中的虚拟孪生体，依托二者之间进行的实时的数据交互与虚实融合，人们期待数字孪生算法能够做出符合现实物理世界中主客体需要的决策。但我们往往会发现，在实现这种准确且无偏决策的过程中，工具化和技术化的算法决策往往由于内嵌了人类的价值观念而与人们最初的期待背道而驰。

数字孪生作为一种集成式的技术应用，本应该遵循着技术中立的原则，却因为种种原因而无法实现其自身的中立属性。"技术中立"这一概念主要包括功能中立、责任中立和价值中立三个方面。② 我们围绕数字孪生算法决策，针对其中的价值中立，进一步探究数字孪生算法黑箱形成的原因。

数字孪生在对现实物理客体进行模型构建之时，首先需要的就是大规模原始数据的输入，在对数据进行处理的过程中，特征选择与特征提取是必不可少的环节。而人们对这些规模庞大、纷繁复杂的数据进行处理，势必要按照"人为的"价值观念和要求进行筛选与判定。由此，数据在初始输入环节就已经内嵌和负载了人为的价值选择与价值判断。从数字孪生技术算法设计者的角度而言，若出于商业利益考量，他们在很大程度上会出于保护商业秘密的动机而在特征提取之际选择不公开这部分数据信息。如此一来，这在一定程度上会由于人为因素而加深数字孪生算法黑箱的黑箱程度。

数字孪生在对虚拟模型进行算法应用的过程中，虽然从表面看来，人的决策确实让位于算法决策，但从更深层次来看，这个过程中恰恰内嵌了人类主体的价值选择。就数字孪生机器学习方式而言，无论是监督学习，

---

① 参见汪德飞《算法伦理争论的六重维度及其走向》，载《科学技术哲学研究》2021 年第 4 期，第 59-65 页。

② 参见丁晓东《论算法的法律规制》，载《中国社会科学》2020 年第 12 期，第 138-159、203 页。

还是无监督学习，乃至强化学习，其背后都隐藏着要将模型训练成为符合人类意志要求、做出满足人类需求决策的对象的期许。而当这些人为赋予的价值观念一旦失去约束与掌控，其带来的便不仅是加剧数字孪生算法黑箱的黑箱程度，更会是不可想象的风险挑战。

三、数字孪生算法黑箱的治理路径

在以往人工智能的算法黑箱治理分析中，人们通常向往采取"打开黑箱"的方法来解决这一问题，但这一方法存在着很多难以克服和解决的实操性难题。因此，对于数字孪生算法黑箱问题来说，本书关注的重点不是要如何打开黑箱，而是将视线投放于人们依据数字孪生进行决策时如何减少对不确定性风险的担忧以及如何增强对决策的信任度上。

（一）以算法解释权的运用应对数字孪生机器学习算法的复杂性

在上述讨论数字孪生算法黑箱的生成原因时，人们将其归因于数字孪生机器学习算法的复杂性，这是由于数字孪生应用算法技术本身造成的技术黑箱。我们分析了对于监督式机器学习而言，无论是数据的输入还是输出，都在人们可掌控的范围之内，此时的数字孪生算法黑箱被界定为"从输入值映射到期望输出值的函数处理过程"，黑箱所带来的不确定性风险尚不足以构成人们的担忧与恐惧；而对于无监督式机器学习，由于算法输入的是不带标签的规模数据，且人们不明确算法的数据输出，更不知道算法运作过程的具体机制，此时的数字孪生算法黑箱被界定为"从输入端到输出端的全流程闭环的未知地带"。

黑箱所带来的不确定性风险足以让人们对数字孪生算法决策产生隐忧与畏惧。[①] 数字孪生算法能够从数据本身出发，构建虚拟孪生模型，通过

[①] 参见谭九生、范晓韵《算法"黑箱"的成因、风险及其治理》，载《湖南科技大学学报（社会科学版）》2020 年第 6 期，第 92—99 页。

深度学习与迭代优化，自动生成高级的认知结果，从而做出能够影响现实物理世界的决策。面对这种算法技术本身所造成的不确定性风险，就目前人类的认知水平与应对能力而言，不得不承认，人们无法打破黑箱去窥探其内里，但我们不能任由算法肆意运行。数字孪生算法所做出的决策与人们的生产生活息息相关，甚至在某种程度上将起到决定性作用，于是，人们自然会想要了解其是如何做出决策的，以及它将如何影响我们的生产生活。这时，算法解释权的运用在一定程度上将有助于消解人们对数字孪生算法的疑团，缓解数字孪生因机器学习算法的复杂性而带来的黑箱问题。

数字孪生技术下的算法解释权指的是，当算法依靠虚拟孪生数据做出的自动决策被应用到客观物理实体时，与该客观物理实体相关的任一人类主体都有权要求算法设计及实施者对这一过程做出适当的解释。我们在前面已经论述过，人们目前其实无法真正破解算法黑箱难题，即使人们采用将算法决策过程中的所有数据源及代码都公开的方法，受影响的相关方由于个人认知能力的局限，也不能完全理解算法的运算与决策过程。事实上，只有从适当的解释这一思路出发，才能够提高人们对数字孪生算法决策的认识与理解程度。算法解释权所遵循的适当的解释是以一种能够被影响的相关理解的方式来解释数字孪生算法决策到底是如何形成，以及对人们的生产生活又会造成哪些影响的。① 其本质意义上是在追求一种理性的结果，是在与自身利益进行权衡之后，对算法决策的理解与接受，这在很大意义上能够减少人们对数字孪生算法所做出的自动决策带来的不确定性风险的担忧。从某种程度而言，算法解释权的运用就已经缓解了因机器学习的复杂性而造成的数字孪生算法黑箱问题。

具体而言，数字孪生算法解释权适当的解释的解释范围应当以虚拟孪生体与客观物理实体之间的虚实融合为重点而展开，人们期待知晓数字孪

---

① 参见姜野、李拥军《破解算法黑箱：算法解释权的功能证成与适用路径——以社会信用体系建设为场景》，载《福建师范大学学报（哲学社会科学版）》2019 年第 4 期，第 84-92、102、171-172 页。

生算法从数据输入到算法运作及算法输出过程环节的简单操作，期待了解数字孪生是如何通过虚拟孪生模型的构建来影响人们的生产生活的。因此，这种适当的解释应该涵盖对整个算法过程的解释，以及对算法具体决策的解释。当受影响的相关方对算法所做出的决策感到难以理解或者与自己预期不符，甚至出现决策严重损害自身利益的情况时，就需要数字孪生技术的算法设计与实施方能够针对种种疑惑提供相应的解释，这一方面有助于消解公众对算法所做出的适当决策的质疑而不至于否定其正确性，另一方面也有利于在算法决策确实出现偏颇与失误的情况下能够采取及时的救济。就数字孪生算法解释权适当的解释的展开形式而言，我们可以采用可视化、可交互的举例来解释。① 尤其是在涉及个人切身利益时，如数字孪生虚拟孪生人所做出的决策被应用到客观生命体自身时，人们往往会更加谨慎也更倾向于得到更清晰准确的解释。此时，我们就可以通过举例解释的途径，采用诸如图形文字、动画演示等可视化形式，具体生动地将虚拟孪生体与客观生命体进行虚实融合的交互过程展现给受影响的相关方。这种具体的举例解释其实是帮助人们能够以一种更加理性的方式对数字孪生算法所做出的决策进行利益权衡，有助于增加人们对算法决策的信任度，缓解人们对数字孪生算法黑箱的担忧。

（二）以交流与协作的方式应对数字孪生数据交互融合的动态性

无论是现实中的客观物理实体，还是系统内的数字孪生虚体，乃至其中算法的设计与实施过程，都处于一个不断变化与更新的状态之中。物理实体和虚拟孪生体之间的虚实交互与融合是数字孪生技术的一大显著特征，正是这种动态性变化加重了算法运算的复杂程度，进而加剧了算法黑箱的黑箱程度。那么，如何才能更好地缓解这种因虚实融合的动态性变化而造成的算法黑箱呢？加强物理实体与数字孪生体之间的交流与协作不失

---

① 参见许可、朱悦《算法解释权：科技与法律的双重视角》，载《苏州大学学报（哲学社会科学版）》2020年第2期，第61—69、191页。

为有效且可行的方法之一。

数字孪生作为一项技术手段，其想要达到的效果是将现实物理客体的特征与信息统统转换成计算机可读取的数据。当数字孪生技术在未来实现全面落地应用之时，人们对现实物理客体的研究通常就不需要直接面向对象本身了，而是在数字孪生虚拟模型中进行数据分析与推演运算，依靠数字孪生算法得出准确且可靠的结论。而如何保证该研究结论的可信性，则需要以现实世界中物理实体的变动情况为衡量标准，即当依据数字孪生算法做出的决策被应用到现实物理实体上能够促使其向好的方向发展时，便说明该算法决策是值得信任的。这种信任度的达成始终是围绕着现实物理实体与虚拟孪生体之间的交流与协作展开的。我们可以从两个方向维度来具体理解：一是从现实物理实体到虚拟孪生体数据输入的过程（即图 3-1 所示的算法输入过程），二是从虚拟孪生模型的算法决策输出到应用于现实物理实体的过程（即图 3-1 所示的算法输出过程）。

一方面，从物理实体到虚拟孪生体这一方向维度来看，在现实物理世界中的数据和信息被传递到虚拟孪生体的过程当中，要提取关涉人类隐私与切身利益的数据特征，就需要现实客体与虚拟孪生体之间的交流与协作，通过充分的交流与沟通，找到一种能够在维护人们隐私权的同时尽可能地提取到能够依据其进行算法决策的数据特征。与此同时，也需要提高人们的算法素养，此时的算法素养尤其是指人们在多大限度内能够允许涉及个人切身利益的算法数据的搜集，这个过程需要进行不断的交流沟通与利益博弈。

另一方面，从虚拟孪生模型的算法应用这一方向维度来看，先要明确数字孪生技术所做出的算法决策的最终目的是为现实世界中的主客体服务，是为满足人类的发展和社会的进步。因此，数字孪生算法在形成决策的过程中，一定要同现实世界中的实体进行充分的交流与数据反馈。因为现实世界总是处于动态变化过程之中，如果算法决策忽视了这一点，那么其做出的算法决策就会因为失去时效性而不能满足人们的需求。与此同时，在数字孪生算法决策形成之后，其能否满足现实客体需要，能否促进人们生产生活的优化提升，是对算法决策制定好坏进行评判的标准。当应用效果显著时，就形成了正向的积极反馈，再将这种正向反馈继续应用到日后的算法决策当中，那么数字孪生这种虚实融合的动态性特征将会提升人们对算法的信任程度，从而减轻因算法复杂性而加深的算法黑箱的影响程度。

（三）以伦理与法律的规制应对数字孪生技术内嵌价值非中立性

数字孪生技术本身内嵌了人类与社会所期许的价值观念，而一旦这些人为赋予的价值观念是出于商业利益的考量或是被个人私欲所利用，就会加剧算法黑箱程度，从而导致数字孪生算法所做出的决策损害公众利益，此时就需要人们采取一些行动来减少此类行为的发生。

数字孪生技术赋能的实现离不开伦理底线的构建。对数字孪生算法技术及算法黑箱的探究，恰恰就是在厘清技术发展的旨趣，构筑技术与善的内在一致性。[1] 从宏观角度来看，数字孪生归根结底是一项能够帮助人们更便捷认识世界、更快捷做出决策的技术手段，这种技术手段的应用不能突破社会伦理的底线。而在数字孪生技术的应用实践过程中，往往会出现出于商业利益考量而植入"非向善"的价值观念的情况。这种情况的出现"并非单纯是技术不够成熟的表现，究其本质而言，是由技术工具论的伦理维度缺席所致"[2]。而对数字孪生算法技术及黑箱问题的伦理反思和治理，也在推动着数字孪生技术及服务的不断优化与迭代升级。

因此，针对数字孪生技术内嵌的"非向善"的价值观念，人们要发挥机器算法在效率上的长处和人脑算法在结合价值计算后的审时度势优势。值得注意的是，这里的"人脑算法在结合价值计算"，指的是符合人类合

---

① 参见闫宏秀《数据赋能的伦理基质》，载《社会科学》2022 年第 1 期，第 136-142 页。

② Luciano Floridi. "Infraethics—on the Conditions of Possibility of Morality", *Philosophy & Technology*, 2017, 30 (4): 392.

理利益需求与社会发展趋势的"底线价值"。这种技术价值所寻求的是机器算法在事实上的求真与人脑算法在道德上的求善之间的最佳协调。①

对于数字孪生技术而言，在可以预见的未来，当与人们息息相关的决策都依托数字孪生虚拟模型做出的时候，由于算法黑箱情况的客观存在，会导致人们对数字孪生算法决策产生很大的担忧，因此，我们不能任由人类因个体私欲而在数字孪生技术中内嵌自己非向善的价值观念。这对于数字孪生算法技术的设计与实施者而言尤为重要，因为他们不仅承担着帮助人们做出高效而准确决策的责任，更承担着不加剧算法黑箱程度的责任。因此，对于数字孪生算法技术的从业人员以及相关利益方而言，守住道德伦理底线是数字孪生技术在未来落地应用的题中应有之义。

此外，我们还可以采取"算法标准化"等专项法律法规的形式，对数字孪生算法的日常运作进行合理监督与检查。我们可以类比上市公司的审计制度与药品食品的生产流程，因为无论是上市公司，还是药品食品生产过程，其背后一定程度上都隐藏着"黑箱"的含义，但通过第三方公允专业的审计以及药品食品监察机构对标准流程的监督的方法，通常是可以基本消解人们的质疑，取得公众信任的。对于在全流程中始终伴随着人类价值观念的数字孪生技术而言，也可以采取这种标准化的手段，对算法运作从初始环节到形成决策的全流程建立算法标准，以及采用第三方监督的形式。② 这在一定程度上可以减少人们"非向善"的价值观念的嵌入，缓解因人为因素而加剧的算法黑箱的黑箱程度。

---

① 参见肖峰《人工智能与认识论新问题》，载《西北师大学报（社会科学版）》2020年第5期，第37-45页。
② 参见袁康《可信算法的法律规制》，载《东方法学》2021年第3期，第5-21页。

第四章

数字孪生的算法权力异化与伦理规制

随着数字孪生算法的广泛应用，微观层面的个体生活、中观层面的社会经济运行、宏观层面的国家发展等都已渗透着数字孪生算法的痕迹。事实上，数字孪生算法已成为社会运行的重要规则，并逐渐演进为一种新的权力形态——数字孪生算法权力。令人担忧的是，有权力就会有异化，这种新的权力形态在推动社会进步的同时，也正在发生着权力异化。在数字孪生权力异化的背景下，人类的生存之象发生着显著变化：从"隐私生活"到"赤裸生命"、从"自主能动"到"自主削弱"、从"现实唯真"到"虚实难辨"、从"复杂多样"到"同质单一"。面对这些变化，我们可以采取一定的伦理规制措施：调整以主体间性为核心的权力格局，拥抱人与数字孪生算法的共生能动性，注重数字孪生算法的人文伦理建设，重建数字孪生算法与人类关系，以及重视公共善的伦理价值等。

随着数字孪生算法兴起并深度嵌入社会生活的方方面面，人们已经越来越离不开数字孪生算法。数字孪生算法已经演进为一种新型的权力形态——数字孪生算法权力，数字孪生算法权力逐渐出现异化现象，某种程度上变成了一股统治人、控制人、奴役人的力量，表现为凝视人类生存、削弱人的自主性、人类难以区分现实世界和虚拟世界、将人类订造为同质的持存物。因此，我们有必要对数字孪生算法权力异化进行伦理规制，以化解这一异化风险，促进数字孪生算法权力走向正义。

一、数字孪生算法权力的相关概述

（一）数字孪生算法权力的内涵

数字孪生算法权力并非数字孪生算法技术与权力的简单相加，但二者却是我们廓清数字孪生算法权力的重要维度。

经典的法权理论将个人设想为自然权力或原始权力的主体，将权力视为某种具体的权力，权力的主体可以如占用、支配商品那样拥有或支配权力，当然也可以按照权力主体的意愿通过商业类型的契约将权力部分或整体地予以转移或让渡，而且权力总是在某个主体或组织的掌控与支配之中。然而，福柯并不认同这一观点，他认为法律制度本身就是权力关系争斗的结果，是力量关系网络的产物，而这种观点实质上是将权力同宪法和其他法律联系起来，仅仅从权力的终极形式上去理解权力。首先，他认为权力并不是可以被占有的东西，而是像某些东西的经过、实现和运用。其次，权力关系总是处于不断的流动和循环的过程之中，总是即刻战略性的和持续更新的某种形式的对抗，其不应被简单地归因于占有。最后，权力总是一种发生在两个个体之间的关系，它是一种能够引导或决定另一个人的行为的关系。因此，权力是多重力量关系的总和。权力是无处不在的，它就像空气一样遍布在我们的身边。同时，福柯对"法权模式"权力观的批判也宣告着主体的消解。福柯认为，占有权力的确定主体是不存在的，主体只是权力最初的结果之一。在这种规训的权力当中，只要两个主体（人与人、人与物、人与知识）之间存在着相互作用关系，那么权力关系便同时存在。

　　算法是指包括输入、输出和隐层的一套程序指令或步骤，数字孪生算法便是指运作于由物理实体、连接、孪生数据、虚拟模型、服务五个维度所构成的一个闭环的信息物理系统之中的算法。随着数字孪生算法的高速发展以及算力的快速提升，出现了数字孪生算法广泛而又深入地嵌入工商业、公共服务、文化教育等各行各业的现象，数字孪生算法已成为社会运行的规则。同时，数字孪生算法的影响范围也逐渐由私人领域扩展至公共领域，而数字孪生算法的应用过程也逐渐内生出新型的权力形态——数字孪生算法权力。我们纵观数字孪生算法权力的生成和运作，便会发现它与福柯对权力的阐释不谋而合。作为一种新型的权力形态，通常情况下，数字孪生算法权力也是体现在一定的"关系"之中的，如孪生数据与数字孪生算法之间、平台与消费者之间、政府与公民之间等，也就是说，数字孪生算法权力不是纯粹地凌驾于人类主体之上的，而是通过一种机制逐渐嵌入人类主体生活内部，由内及外地发挥作用。数字孪生算法"编织"出了一张巨大、紧密而又复杂的数字孪生算法权力网络，在这张权力网中，数字孪生算法并非有形可见，但却实实在在地影响着每个个体。而且，数字孪生算法并不是恒定不变的，而是随着数字孪生算法技术的迭代演进与制度政策的不断完善而流转于不同的主体之间，这些特征都与福柯的权力观高度契合。

（二）数字孪生算法权力的生成基础

　　我们认为，数字孪生算法权力的生成基础是多元化的，包括技术工具的支撑、人类社会的数据化生存状态、资本的投入和公权力的嵌入。

　　数字孪生算法权力的生成基础之一是由数字孪生的五个维度组成的闭

环信息物理系统。就物理实体的维度而言，物理实体是客观存在于物理空间的各种功能子系统（如控制子系统、动力子系统、执行子系统等），而物理实体上部署着各种传感器，其能够实时监测物理实体的环境数据、实时感知物理实体的运行状况。这些实时监测的运行数据是数字孪生算法权力关系网络的重要组成之一。就孪生数据维度而言，孪生数据汇聚与融合了物理实体的全生命周期的数据，包括物理实体运行的实时数据、获取虚拟模型的仿真数据等。依托数字孪生数据，数字孪生算法能够基于大量且有效的带标签数据进行反复的训练，从而做出更加精确的诊断和预测，甚至能够自主做出决策。与之前只能从物理实体采集有限的数据相比，数字孪生算法权力关系网络中拥有了更多的数据"养料"。就多维度虚拟模型维度而言，数字孪生虚拟模型是物理实体在信息空间中的忠实的数字化镜像，由物理装备的几何、物理、行为、规则四层模型融合组装而成，刻画物理实体的时空几何关系、实时运行状态、行为和过程，描述物理实体的多维属性和运行机理，以及表征物理实体能力和相关规律规则，是实现物理实体数字化赋能和智能化升级的核心。虚拟模型的存在，使得数字孪生算法可以先经由虚拟模型的预运行来做出决策，并在其实际决策执行前进行持续优化。就连接交互维度而言，由网络环境、通信协议、输入输出装备及相关技术等组成的连接交互，将数字孪生其他四个维度之间两两连接，而且是它们之间进行数据传输的媒介。正是基于连接交互这一维度，各个部分才得以实时交互并保持一致性与迭代优化，从而数字孪生算法权力也就能够在数字孪生系统中闭环运作。就服务维度而言，服务是数字孪生算法权力得以发挥的"门户"，它将由数字孪生算法的智慧生成的智能应用、精准管理和可靠运维等功能以最便捷的形式提供给用户，同时予以用户最直观的交互。

　　数字孪生算法权力的基础之二是人类社会的数据化生存状态。众所周知，数字孪生算法权力的发挥需要孪生数据的支撑，而人类社会的数据化生存状态可给予数字孪生算法权力充分的发挥空间。当前，随着可穿戴设备、传感器等的使用，人类的身体体征、行为习惯、生活轨迹等各个方面都被量化为数据，我们进入了一种数据化的生存状态、迈入了一个解析社会。也就是说，我们迈进了一个一切都可被记录、一切都可被分析的社会，数字孪生算法就如同透镜一般，一经其"输入-输出"的操作，一系列社会问题的底层规律、逻辑都可被剖析出来。虽然人不是数据，更不是电子痕迹的汇总，但技术正在使数据得到处理和整合，形成各种各样的自动化区分、评分、排序和决策，这些活动反过来使我们的"真实自我"在社会层面变得无关紧要。我们正在进入所谓的"微粒社会"，我们都将成为数据，并最终成为被算法所定义的人。①

数字孪生算法权力的生成基础之三是资本的投入和公权力的投入。搭建数字孪生算法网络需要资本的保障，这就是说，资本以数字孪生算法作为逐利的工具，而维持支撑数字孪生算法运作的硬件设施也需要耗费巨大的人力、财力和物力。嵌入公权力也正为数字孪生算法权力运行提供了基本框架，案例 4-1 所述的利用数字孪生技术进行基层公权力监督是数字孪生算法与公权力结合的经典案例。正如福柯的权力观所揭示的那样，作为一种技术，数字孪生算法本身并没有权力属性，数字孪生算法权力是在"关系"当中产生和运行的，这里的"关系"是指数字孪生算法与经济权力和政治权力的结合。

案例 4-1

2021 年，某省相关部门牵头建设的贯通省市县乡村五级的"基层权力大数据监督应用"入选了该省数字化改革第一批"最佳应用"。打破信息壁垒，是破解基层监督难题的关键。为此，基层公权力大数据监督应用构建"多跨集成一网二链 72 个孪生模型"，依托数字化手段，实现监督数据的共享利用。该应用还贯通"基层治理四平台"、农村"三资"等 60 套业务系统，形成监督数据池，利用数字孪生技术，还原腐败易发、多发情

---

① 参见郑戈《算法的法律与法律的算法》，载《中国法律评论》2018 年第 2 期，第 66-85 页。

节，构建 72 个监督数字化孪生模型，实现智能碰撞、实时预警。

（三）数字孪生算法权力的特征

不同于政治权力、法律权力的强制性、规范性、稳定性，数字孪生算法权力具有时空超越性、多域融合性、自我实现与实时执行的新特征。

第一，时空超越性。数字孪生空间是一个连接人类社会活动直接接触的现实空间与模仿、延伸、增强乃至超越现实空间的虚拟空间的新的空间维度。数字孪生算法运作于其中，并创生出自身的权力空间。在这一权力空间中，一方面，数字孪生算法突破甚至超越了时间的限制，既能追溯历史，又能预演未来。具体来说，在数字孪生算法权力的运作之下，人类的各项社会实践活动可以被历史复原，实现在既往形态上人类活动时间的封存，还可以令数据信息在不同的时间维度上流动。因此，这种将时间留存的能力使其可以历史性地观看人、事、物。以数字孪生人为例，其与现实人同生共长，数字孪生算法能掌握现实人整个生命周期的数据，既能回顾现实的人的过去，又能预演现实的人的未来。另一方面，数字孪生算法也突破甚至超越了空间的限制，其以孪生空间为运作场域，不仅能够实时影响物理空间中的各种人、事、物，还能影响虚拟空间中以数据化身形式在场的各种人、事、物。数字孪生算法权力的运作不必像政治、法律权力那样必须被置于具体的场景之中，它是将人置于一张无处不在的网络之中，可以随处对人实行管控，从而极大地延伸了数字孪生算法权力的辐射区间。总而言之，在这一新的权力空间中，数字孪生算法的运作构筑起了存在于人与人、人与物、物与物之间的突破并超越时空的权力关系网络。

第二，多域融合性。数字孪生算法权力的运作是融合多领域知识的结果。基于数字孪生的特征，数字孪生算法解释、预测和优化物理实体是以数字孪生虚拟模型为基础的。数字孪生虚拟模型是现实物理实体的数字化表现，包括物理实体的几何、物理、行为、规则四层模型的多学科、多维度的模型。"几何-物理-行为-规则"模型分别刻画了物理对象的几何特征、物理特性、行为耦合关系以及演化规律等，多领域模型通过分别构建物理对象所涉及的各领域模型，能够全面地刻画物理对象在各领域的特征，从而实现对数字孪生虚拟模型的精准构建以及对物理实体的全面真实的刻画与描述。以数字孪生风力发电机为例，数字孪生算法能融合其轴承振动、转速、受力等数据，动态呈现风力发电机的运行状态，超前预测风力发电机的剩余使用寿命，从而优化电力调度、优化风力发电机维护。

第三，自我实现与实时执行。数字孪生算法权力的执行是自发自觉的、不需要人为干预的，这与公权力的行使必须具备国家暴力的强制是完全不同的。数字孪生权力的执行也是实时进行的，没有任何的滞后与延迟。这主要有两方面的原因：一方面，数字孪生系统内部的资源、信息和服务在时空上处于动态的演变过程；另一方面，数字孪生系统可以是面向大规模的定制化服务。为了能够保证数字孪生系统所提供的服务能够动态、及时地匹配用户的需求，数字孪生算法必须实时地做出判断和决策，以便更加高效和快速地调整、运行数字孪生系统内的资源流和信息流。

（四）数字孪生算法权力的运行机制

数字孪生算法权力生成之后，会通过一定的运行机制来发挥作用，主要表现为数字孪生算法权力主体的流动、数字孪生算法权力关系的构建、数字孪生算法权力网络的编织，从点到面实现权力的运作。

明确权力的主体与客体是数字孪生算法权力发挥作用的前提。数字孪生算法是人为设计的，所以其主体可以是掌握数字孪生算法技术的个人或者资本雄厚的科技公司，也可以是采用数字治理的政府。由于权力是建立在技术、资源优势的基础之上的，所以数字孪生算法权力的主体是多元的、易变的、处于流动之中的，它会基于比较优势的改变而发生变动。例如，如果一家数字孪生算法企业拥有了更加先进的技术，那么它就转而成为数字孪生算法权力的主体。

福柯认为，权力是一件复杂的东西，它在无数个点上体现出来，具有不确定性，而不是某人可以获得、占有的一种物，权力纯粹是一种关系，是一种结构性的活动。数字孪生算法权力在运作过程中，同样在不断地建构权力关系。数字孪生算法不断实时地、全面地采集着用户的数据，既不断更新着自身的技术水平，也发挥着类似于监视的功能，即生产着个体的数据知识，造成数字孪生算法更懂人类的错觉，从而诱发权力效应。也就是说，数字孪生算法权力以一套复杂的规则和程序的技术面貌出现，并非发号施令、强迫遵从，这种建构权力关系的方式类似于福柯所强调的规训。规训是一种精心计算的、持久的运作机制，这种规训的权力是与生产机构建立一种强制联系，而对肉体的规训则是通过制定精细的规则，不断操练，从而把权力加进去的。①

在福柯看来，权力不是一种自上而下的单向性控制的单纯关系，而是一种相互交错的复杂网络。在数字孪生算法权力的运作中，这一特征尤为明显。在数字孪生算法权力的运作过程中，个人不仅流动着，还总是既处于服从的地位又同时运用权力。具体而言，平台肯定是希望利用数字孪生算法来获取各种利益的，但它必须遵守政府对于算法的规制；政府进行数字化治理时，需要获得高科技公司的技术支持和公民对个人数据权的让渡；就个体而言，在我们被数字孪生算法权力统治的同时，也在时时刻刻生产着数据，例如，我们随身携带的可穿戴设备会将我们身体的各项指数、行动轨迹等数据实时传递到各类应用平台，这就为数字孪生算法运作提供了丰富的数据"燃料"。

二、数字孪生算法权力异化下的人类生存之象

"异化"一词源自拉丁文，是指人类本身的创造物与人分离，成为一种外在的异己力量与人相对立，并使人的意识和活动从属于它，进而造成

---

① 参见［法］米歇尔·福柯《规训与惩罚：监狱的诞生（修订译本）》，刘北成、杨远婴译，生活·读书·新知三联书店 2019 年版，第 164-165 页。

人的主体性丧失的状态。数字孪生算法权力作为一种新型的权力形态，其异化方式也必然是新型的。数字孪生算法权力异化是指数字孪生算法技术作为人类社会实践活动的创造物，在现实中却与人的主体性地位相背离，而且数字孪生技术正在成为一股控制人、统治人、奴役人的力量。正如学者李彪所言，"技术在使用过程中产生的异化力量，对人类形成反向驯化，改造和建构既有的社会存在和社会关系"①。随着数字孪生嵌入人类社会的各个领域，数字孪生算法权力在社会权力机构中发挥着举足轻重的作用，但是其所携带的异化力量正一步步逼近人类，一步步地改变着人类生存之象。

（一）从"隐私生活"到"赤裸生命"

数字孪生体感知、汇聚、融合物理实体的全生命周期数据，掌控着物理实体的全方面时效信息，借助可视化技术，还能够将物理实体的运行状态、复杂结构、内部状态和过程"透明化"。也就是说，数字孪生算法能够深入、全面、直观地了解物理实体的历史信息、当下状态和未来趋势。例如，执法机构通过数字孪生算法对大量的孪生数据进行分析，大规模地识别可疑人员及其活动，这不仅有助于追踪过去犯罪的证据，而且有利于识别和挖掘潜在的威胁。在这里，数字孪生算法以权力主体的形式自我运行并做出决策。更为可怕的是，利用数字孪生技术建造数字孪生人后，就意味着数字孪生算法"可以将群体中的公民或者消费者单体化，然后有目的地去影响他们"②。

在数字孪生算法技术的广泛应用之中，凝视机制也在广泛地生成，抽象意义上的数字孪生算法技术加入了凝视主体的"队伍"，成了人类生存

---

① 李彪、杜显涵：《反向驯化：社交媒体使用与依赖对拖延行为影响机制研究——以北京地区高校大学生为例》，载《国际新闻界》2016年第3期，第20—33页。

② ［德］克里斯多夫·库克里克：《微粒社会：数字化时代的社会模式》，黄昆、夏柯译，中信出版社2017年版，第18页。

状况的"观众",而数字孪生空间作为一个普遍的全过程记录的空间,则可以被视为一个广泛的凝视空间。凝视指行为主体对某种对象长期聚精会神地观看,是一种与视觉相关的行为。凝视的理论研究最早可以追溯至萨特(Sartre)对"注视"的概念界定,萨特以注视为例阐明他人的存在,以及我与他人之间的关系。而福柯将其视为一种权力机制,在一种集体的、匿名的凝视中,由于被看见,所以人们不得不处于权力的压迫之下。①数字孪生算法的凝视机制必然会导致"控制"与"被控制"的关系。凝视的主体表现为一种主权者身份,被凝视者在某种意义上则会成为阿甘本意义上的"赤裸生命"。

(二)从"自主能动"到"自主削弱"

数字孪生算法通过自下而上的规训生成权力。关于规训,福柯认为其通常包括两个方面的意思:一是能够给人以惩罚和强制行为的联想与威慑,使其成为一个驯服的人;二是能够教人以某种职业技能和知识体系,使其成为一个对社会有用或者能够为统治阶级服务的人。②

数字孪生权力发挥的重要方式之一就是数字孪生算法使其本身成为一种知识。基于数字孪生的特点,数字孪生算法能够通过孪生数据驱动虚拟模型进行仿真分析与预测,可以预测物理实体的运行规律,也可以仿真评估方案,从而分析物理实体运行趋势,为物理实体的运行提供优化建议。权力便随之流进个体的认知体系,数字孪生算法也便获得自下而上的内生性权力。例如,在教育领域,数字孪生算法为学生主体精准配置个性化的学习资源。数字孪生算法逐渐嵌入人类社会生活的方方面面,其将人类社会各个领域的事物按照自身的逻辑重新予以构思、组合,成为大多数情况下的判断者和抉择人。久而久之,随着数字孪生算法以"机器之心"做出

---

① 参见〔法〕米歇尔·福柯《权力的眼睛——福柯访谈录》,严锋译,上海人民出版社1997年版,第157页。
② 参见张之沧《论福柯的"规训与惩罚"》,载《江苏社会科学》2004年第4期,第25-30页。

更多的选择和判断，人类的自主性、能动性会不断地受到压制，人类在自主性和能动性缺席的状况下会被卷入数字孪生算法权力的运作之中，数字孪生算法不断地对个体的身体和思维予以矫正和操练。当人在数字孪生算法权力的控制下因失去自主性而变成一个个冰冷的机器的时候，人类数万年积累的文明优势也将被数字孪生算法权力以摧枯拉朽之势摧毁。

（三）从"现实唯真"到"虚实难辨"

数字孪生空间描述出了一个与现实空间极为相似的新空间，特别的是，运作于孪生空间中的数字孪生算法可以在现实空间的实际基础上演示一个更为理想的情况，从而控制改变现实空间。在新空间诞生后，人类对虚实世界难以辨别的现象也随之出现。

数字孪生最大的用途是发展孪生空间作为一个可以检验和实验的场所。基于此，人们就可以在孪生空间这一虚拟场景中进行虚拟仿真应用，达成虚实融合、以虚控实的效果。例如，以数字孪生车辆抗毁伤评估与提升为例，数字孪生通过传感系统收集车辆实体中毁伤的相关数据并传输到数字孪生空间中，实现对虚拟车辆的高精度仿真，物理数据与虚拟数据等数据互相融合，从而进行虚拟车辆抗毁伤性能的特征提取并辅助模型的构建，建构出来的虚拟模型能够真实刻画和映射物理车辆的状态。数字孪生算法能够通过整合车辆的历史数据以及实时数据进行分析、处理和评估，对车辆的抗毁伤性能进行综合性评估，并且通过挖掘数据的规律，寻找出车辆最理想的抗毁伤状态。因此，在数字孪生空间中，我们能通过数字孪生算法建构抗毁伤能力越来越强的车辆乃至达到最完美的状态。但是，囿于现实中的技术限制以及意外状况，车辆毁伤的状况仍会发生，无法真正做到按照数字孪生算法和程序所设定的"完美轨道"来运行，数字孪生空间中所演示的始终只是一种远超当下水平的最理想的状态，而这一完美的虚拟空间只是一个现实的人心向往之而无法实际抵达的场所。正如韩裔德国哲学家韩炳哲所言，对自由的感知始于从一种生存方式向另一种生存方式的过渡，止于这种生存方式被证实为一种强迫模式。因此，随自由而来的便是一种新的屈从。① 数字孪生算法能够重塑建构一个"一切皆为最好的安排"的虚拟情形，我们也不免先自由而又屈从。所以，我们只是经历短暂的自由，自由过后便是一种屈从。久而久之，随着自由与屈从的交叉复现，两个世界之间的界限开始在人们心中变得模糊与淡化，人类也就开始难以分清现实和虚拟，最可怕的是，人类甚至会忽略自己长久以来赖以生存的现实世界。

（四）从"复杂多样"到"同质单一"

通过连接与交互，数字孪生算法全面获取和汇聚来自物理实体的各种数据，并在一系列复杂代码与编程的支持下，以自身的方式呈现出知识挖掘后的结论。随着数字孪生算法全面渗透进人类社会生活，其管控、主导着人类社会生活的多个方面。就如海德格尔所认为的，现代技术本质上是"座架"（ge-stell），座架的作用就在于，人被放置在此，被一股力量安排着、要求着，这股力量是在技术的本质中显现出来的，又是人自己不能控制的力量。② 此外，若人类盲目相信数字孪生算法无所不能，数字孪生算法便会更加肆无忌惮地参与整理人类生活。海德格尔认为，在以技术方式组织起来的人的全球性帝国主义中，人的主观主义达到了登峰造极的地步，人由此降落到被组织的千篇一律状态的层面上，并在那里设立自身。这种千篇一律的状态成了对地球的完全的（亦即技术的）统治的最可靠的工具。现代的主体性之自由完全消融于与主体性相对应的客体性之中了。③ 因此，正是人类对数字孪生算法的极端乐观与盲目相信，才使得作为主体

① 参见［德］韩炳哲《在群中：数字媒体时代的大众心理学》，程巍译，中信出版社 2019 年版，第 108 页。
② 参见［德］马丁·海德格尔《海德格尔选集：下卷》，孙周兴译，上海三联书店 1996 年版，第 1307 页。
③ 参见［德］马丁·海德格尔《海德格尔选集：下卷》，孙周兴译，上海三联书店 1996 年版，第 894 页。

的人类正在一步步地被数字孪生算法摆置，最终被订造为同质的持存物。以往统计学意义上的"人"是"群体画像"中具有相似性的个体，而当前的"人"却是真正"个体画像"意义上的人，是通过多层次数据标注和计算勾勒而来的，个体变成了可以被单独量化和进行数据解析的对象。①

三、破解数字孪生算法权力异化的伦理规制

沿用并发展数字孪生算法技术是我们所不能改变的现实状况，如何应对数字孪生算法权力产生的新异化现象才是我们应该思考并付诸努力的。针对数字孪生算法权力异化，我们需要采取一种有别于传统的防范与矫正路径，具体而言，包括以主体间性为核心的权力格局调整，拥抱人与数字孪生算法技术的共生能动性，注重数字孪生算法技术的人文伦理建设，重建数字孪生算法技术与人类之间的关系，关注数字孪生算法技术公共善的伦理价值。

（一）进行以主体间性为核心的权力格局的调整

虽然，数字孪生算法对人类社会的凝视机制也有一定的进步之处，即当每个个体都被置于被数字孪生算法凝视的约束之下时，人类社会的暴力活动会相对减少。但是，数字孪生算法权力只对公民个体进行凝视，不仅使公民面临着"赤裸生命"的生存境况，而且数字孪生算法作为主体对人类的凝视是一种建立在精细的信息颗粒度层面的观察，主体之间会陷入齐泽克意义上的"视差"之见。那么，我们该如何抵消这一"视差"呢？

既然这是关涉主体之间关系的问题，我们便可以在主体间性的基础上进行思考。"胡塞尔从意象现象学的先验自我角度提出主体间性（intersubjectivity），与强调个体的主体性对应，主体间性强调群体性，主体以主体间的方式存

---

① 参见段伟文《面向人工智能时代的伦理策略》，载《当代美国评论》2019年第1期，第4-38、120页。

在，本质又是个体的，即主体间性是融合个体精神关系的主体间的存在方式。"① 哈贝马斯（Habermas）从主体间交往视角出发，将人际关系概括为主客体二元对立的工具性及融合交往中共为主体的主体间性，且更为倡导后者，即建立主体间性的和谐网络以实现主体间的充分沟通。因此，我们可以在主体间性的基础上思考将现有的数字孪生算法凝视机制发展为一种新的弥散性的凝视机制。即数字孪生算法权力不仅监视公民个体，而且在一定程度上可以监视公权力和那些拥有超级权力的资本，这种相互之间的监视可以产生一种监督的作用，达成一种生成数字共同体的可能。

（二）拥抱人与数字孪生算法技术的共生能动性

数字孪生算法技术的发展突飞猛进，而人类乃至整个社会也按照数字孪生算法技术实践运作的标准模式以高度程式化的方式运转着。但这也助长了人类希望依靠数字孪生算法技术实现无限度便捷与高效的欲望，因而催生了人类对于数字孪生算法技术盲目崇拜的思想，如认为数字孪生算法技术所做的决策才是最优的。另外，数字孪生算法技术在人类社会的各个领域中的过度应用，使得人类头脑中只剩下数字孪生算法技术所提供的数据，人类成了数字孪生算法技术的工具。数字孪生算法权力异化颠倒了目的与手段，人类成了数字孪生算法技术与资本的工具，同时，过度依赖数字孪生算法技术使得人类成了失去灵魂的肉体，不再发挥主体性作用甚至放弃主动思考，数字孪生算法技术可能会反过来获得主体性地位，成为支配人类行为的权力主体。

数字孪生算法技术的应用是以促进人类主体更好地发展为初衷的，而不是消解其主体性。又或者说，消解人类的主体性是数字孪生算法技术设计之初并未被设想过的。但是，随着数字孪生算法技术功能的愈发强大，

---

① 金元浦：《论文学的主体间性》，载《天津社会科学》1997 年第 5 期，第 85-90 页。

人们对数字孪生算法技术又无条件信任，个体逐渐变为被动的一方，并渐渐地在与数字孪生算法技术共处的过程中放弃了自主权，进而被数字孪生算法技术控制与奴役。

既然如此，在人与数字孪生算法之间构建一种适切的关系就变得尤为重要，这也是规避数字孪生算法技术权力异化的必经之路。关于人与数字孪生算法的关系的构建，我们可以在行动者网络理论中获得启发，该理论主张打破社会与自然、精神与物质之间的二元对立，[①] 认为社会是"异质元素之间的相互关联"[②]。基于此，我们提出一种人与数字孪生算法技术共生的能动性，这是一种对建立在人与数字孪生算法技术二分对立关系基础上的人类作为唯一能动主体的超越，是一种人与数字孪生算法技术的关系延伸，而并不是对人与数字孪生算法技术的简单相加。该共生关系集中表现为两个方面：一方面，数字孪生算法技术可以实时监测信息、分析数据的关联性、对物理实体发展状况做出预判；另一方面，人类可以在数字孪生算法工作范围之外的地方发挥作用，包括确保数字孪生算法运作的一套程序符合一定的价值标准、监督审核数字孪生算法自动化工作结果等。在人与数字孪生算法之间双向的"代理"过程中，数字孪生算法可充分发挥其在分析与处理海量数据方面的独特优势，人类也能发挥其在情感类、创造类的实践活动方面的优势。概言之，人类与数字孪生算法技术都不是万能的，在二者的交互过程中，唯有正视个体与数字孪生算法技术的可为与不可为，扬长避短，方能实现人类与数字孪生算法技术的角色互补、和谐统一。

（三）注重数字孪生算法技术的人文伦理的建设

造成数字孪生算法权力异化的原因复杂多样，但是工具理性和价值理

---

① 参见朱剑峰《从"行动者网络理论"谈技术与社会的关系——"问题奶粉"事件辨析》，载《自然辩证法研究》2009年第1期，第37—41页。

② 吴莹、卢雨霞、陈家建等：《跟随行动者重组社会——读拉图尔的〈重组社会：行动者网络理论〉》，载《社会学研究》2008年第2期，第218—234页。

性的背离是其源头所在。工具理性（instrumental rationality）是指人们通过某种工具和手段实现自我需求而达到实践目的，其片面强调工具对人类实践活动的作用，追求效率的最大化。马尔库塞（Marcuse）对工具理性持批评的态度，认为其会导致技术理性霸权，而技术理性这个概念本身可能就是意识形态的。不仅技术的应用，连技术本身也是（对自然和人的）统治——有计划的、科学的、可靠的、慎重的控制。统治的特殊目的和利益并不是"随后"或外在地强加于技术的，它们进入了技术机构的建构本身。技术总是一种关于机会–历史的工程，一个社会和它的统治利益打算对人和物所做的事情都在它里面设计着。① 所以，马尔库塞认为，技术作为一种意识形态统治、控制着人类，必须以批评理性取代技术理性，重视人自身的生存价值。价值理性（value rationality）则始终以信念价值为行为的导向，它并不计较行为的成本和伴随而来的后果，其指导下的行为活动指向的是价值世界的终极意义。在价值理性中，人是终极的目的，重视人自身的存在意义。

随着数字孪生算法权力的扩张，工具理性的迅速漫溢，加上人类的无意识，价值理性逐渐退位，而价值理性与工具理性的偏离又使得数字孪生算法权力异化与理性泛滥互为因果。面对这一全新课题与现实忧思，我们应时刻牢记辅助人类计算、增进人类福祉才是数字孪生算法技术的价值理性，数字孪生算法技术应时刻在人文伦理价值的规范与引导之下运作，以使数字孪生算法技术的应用符合社会目的，促成数字孪生算法技术从"附魅"走向"祛魅"。否则就会面临大卫·科林格里奇（David Collingridge）在《技术的社会控制》中所提出的"科林格里奇困境"（Collingridge dilemma），"一项技术的社会后果不能在技术生命的早期被预料到。然而，当不希望的后果被发现时，技术却往往已经成为整个经济和社会结构的一

---

① 参见［美］赫伯特·马尔库塞《单向度的人——发达工业社会意识形态研究》，张峰、吕世平译，重庆出版社1988年版，第116页。

部分，以至于对它的控制十分困难"①。

（四）重建数字孪生算法技术与人类之间的关系

数字孪生算法权力的运作已经不是一个单纯的技术问题，它必然要求与此相适应的环境也发生同样的变化，使数字孪生算法权力的异化以更为自然的方式消散。吉尔伯特·西蒙栋（Gilbert Simondon）认为，最精密复杂的技术可利用它们的各种环境之间的协同作用来创造一种维持它们自身功能的半人造的环境，他称这种技术所产生的组合的技术和自然条件为"关联环境"（associated milieu），就像马达所产生的热量提供了一个适宜的运转环境。关联的环境是人造的技术要素和技术对象得以在其中发挥作用的自然要素之间的中介。在这种设计中，技术体系不是简单地与环境的限制相协调，而是将这些限制内在化，使它们在一定意义上成为"机械"的一部分。② 我们认为，就数字孪生算法技术的运作而言，其"关联环境"已经不仅限于自然条件，还包括其他人文的中介要素，人类自身是重要的"关联环境"。"工匠实际上是传统工具的最重要的关联环境"③，在应用数字孪生算法技术的时候，要注重人类这一重要的关联环境的造就，从而在人与数字孪生算法技术之间建立亲密无间、合作协调的整体性。

（五）关注数字孪生算法技术公共善的伦理价值

"公共善"不仅是对生活世界的公平和正义的理想阐述，也是对这个世界的不合理的批判性认识。④ 作为伦理价值和道德规范的"公共善"以

---

① David Collingridge. *The Social Control of Technology*, New York：St. Martin's Press，1981：11.

② 参见［美］安德鲁·芬伯格《技术批判理论》，韩连庆、曹观法译，北京大学出版社 2005 年版，第 234 页。

③ ［美］安德鲁·芬伯格：《技术批判理论》，韩连庆、曹观法译，北京大学出版社 2005 年版，第 234 页。

④ 参见钱宁《"共同善"与分配正义论——社群主义的社会福利思想及其对社会政策研究的启示》，载《学海》2006 年第 6 期，第 36-41 页。

谋求公共福祉为基本原则，将数字孪生算法是否有助于增进人类福祉作为衡量指标，促使数字孪生算法技术公司努力实现信息对称和有效公开，以防止数字孪生算法权力的异化，进而维护社会的公平公正与良性运行。

哈贝马斯在《作为"意识形态"的技术与科学》中说，人们的目的性行为在现代技术的管理之下已经达到高度合理化，技术已使人完全失去了自己的本性。[①] 虽然数字孪生算法技术尚未进入"高度合理化"的阶段，人类也尚未"完全失去了自己的本性"，但是人类已经超常夸大了数字孪生算法技术的功能。人类不加批判地利用数字孪生算法技术，使其在实践中出现了数字孪生算法技术权力的异化表现，以及使其背离了技术促进人类自由全面的发展的目的，甚至走向该目的的对立面。因此，人们在数字孪生算法权力的运作过程中（技术赋能过程中）既要重视那些经济、效率等量化指标，也不能忽视公平、正义、伦理、责任等难以量化的"软成分"的建设。否则就会如阿诺德·盖伦所言那样，如果一个个人感到自己只不过是一部大机器里的一个可以随意更换而又有点磨损的齿轮，如果他认定这部机器没有他也可以运转，而他和他的行为结果发生接触只是靠着统计数字、图表或者工资单的形式，那么他的责任感当然可以随着他的无依无靠感的增加而以同样的速度减少。[②] 因此，人们在数字孪生算法权力的运作过程中要进行人文主义关照，将人文精神和公共伦理价值融入其中，从而促进"公共善"的实现。

---

① 参见［德］尤尔根·哈贝马斯《作为"意识形态"的技术与科学》，李黎、郭官义译，学林出版社 1999 年版，第 39—40 页。

② 参见［德］阿诺德·盖伦《技术时代的人类心灵——工业社会的社会心理问题》，何兆武、何冰译，上海科技教育出版社 2003 年版，第 51 页。

第五章

数字孪生的算法风险与伦理规制

数字孪生具有虚实映射、实时同步、共生演进、闭环优化四个典型的技术特征，位于数字孪生运算层的算法技术是数字孪生系统的灵魂。数字孪生算法在应用过程中正面临着人的主体性削弱、数字孪生算法偏见、数字鸿沟、隐私侵犯和人与数字孪生算法的矛盾关系等一系列风险挑战。为保障数字孪生的算法技术能够良性运行和创新发展，我们需要对此进行伦理规制：实现人的主体性回归，设计算法技术价值敏感性，创新制定算法技术的伦理准则，引入算法技术的责任伦理，集聚算法治理的各方力量，提升公众群体的算法素养。

当今社会，诸如制造、航空航天、医疗、教育、建筑、能源等行业都已纷纷引入了数字孪生技术。2020年4月，国家发展和改革委员会特别指出，要将数字孪生作为支撑数字化转型的基础设施和技术创新赋能的关键对象。数字孪生已经进入我国国家发展战略规划中，具有广阔的应用前景，一个以虚实映射、实时同步、共生演进、闭环优化为特征的数字孪生时代正悄然来临。作为数字孪生基底的算法技术正不断地渗透进我们的生产领域和生活世界，并驱动各领域实现数字化转型。事实上，数字孪生时代，各类人工智能算法能够帮助数字孪生体解决大量复杂的任务，包括训练出面向不同场景需求的模型，以及完成诊断、预测及决策任务。[①] 当然，任何事物都具有两面性，我们在高度重视数字孪生的算法技术的同时，也要关注其应用带来的各种风险挑战，如人的主体性削弱、数字孪生算法偏见等。更需引起注意的是，这些风险挑战背后涉及的是社会伦理问题。如今，数字孪生的算法技术正广泛渗透进社会生活的方方面面，厘清数字孪生算法引起的伦理风险并探寻伦理治理策略，有助于数字孪生算法技术实现健康向善发展。

一、数字孪生与数字孪生算法

随着物联网、互联网、云计算、大数据、人工智能、算法、VR、AR等诸多技术的集成，数字孪生技术框架得以成熟。数字孪生具有虚实映射、实时同步、共生演进、闭环优化四个典型的技术特征。数字孪生技术体系包括物理层、数据层、运算层、功能层和能力层，位于运算层的算法是数字孪生系统之灵魂，是数字孪生系统进行预测、决策的重要技术支持。

---

① 参见王巍、刘永生、廖军等《数字孪生关键技术及体系架构》，载《邮电设计技术》2021年第8期，第10-14页。

（一）数字孪生及其典型特征

数字孪生作为一种理论模型，最早由美国密歇根大学迈克尔·格里夫斯教授提出，是指在信息空间建构一个可以映射表征物理设备的虚拟系统，物理设备和虚拟系统之间可以在产品的全生命周期内实现双向的、动态的联系。数字孪生的概念被广泛运用于航空航天、船舶、城市管理、建筑、工业制造、电力、金融、健康医疗等多个领域，成为打造数字化社会、进行数字化治理的重要抓手。当前，数字孪生应用最为成熟的行业当属智能制造，在产品研发的过程中，数字孪生可以虚拟构建产品的数字化模型，对其进行仿真测试和验证。在生产制造阶段，它可以模拟设备的运转和参数调整带来的变化。在维护阶段，数字孪生技术通过对运行数据的连续采集和智能分析，可以预测维护工作的最佳时间点、提供维护周期的参考依据、提供故障点和故障概率的参考。数字孪生为智能制造带来了显而易见的效率提升和成本下降。

相较于既有的数字化技术，数字孪生具有四个典型的技术特征：①虚实映射，即数字空间中的孪生体和现实世界中的物理对象可以实现双向映射；②实时同步，即孪生体通过实时获取多元数据可以全面、精准、动态地反映物理实体的状态变化；③共生演进，即数字孪生所实现的精准映射能够覆盖产品的全生命周期，并随着孪生对象生命周期进程的不断演进而更新；④闭环优化，即数字孪生体通过描述物理实体的内在机理，分析规律、洞察趋势，基于分析与仿真对物理世界形成优化指令或策略，从而实现对物理实体决策优化功能的闭环。

（二）数字孪生技术体系与算法技术

数字孪生以数字化方式拷贝一个物理对象，模拟对象在现实环境中的行为，为了达到物理实体与数字实体之间的互动需要经历诸多的过程，也需要很多基础技术作为依托，更需要经历很多阶段的演进才能很好地实现物理实体在数字世界中的塑造。数字孪生技术体系包括物理层、数据层、运算层、功能层和能力层五个层次，分别对应数字孪生的五个要素：物理对象、对象数据、动态模型、功能模块和应用能力。

物理层所涉及的物理对象既包括物理实体，也包括实体内部及互相之间存在的各类运行逻辑、生产流程等已存在的逻辑规则；数据层的数据来源于物理空间中的固有数据，以及由各类传感器实时采集到的多模式、多类型的运行数据；运算层作为数字孪生体的核心，可以利用多项先进关键技术，包括云计算、人工智能、算法等，对来自数据层的大量数据进行分析，并能够支持功能层实现数字孪生系统的认知、诊断、预测和决策；功能层的核心要素"功能模块"是指由各类模型通过或独立或相互联系作用的方式形成的半自主性的子系统；最终，能力层通过功能模块的搭配组合解决特定应用场景中某类具体问题的解决方案，在归纳总结后会沉淀为一套专业知识体系，这便是数字孪生可对外提供的应用能力，也可称为应用模式。

位于数字孪生运算层的算法技术（即数字孪生算法技术）可谓数字孪生系统的灵魂，是数字孪生系统进行预测、决策的重要技术支持。在数字孪生系统中，大量来自物理实体的实时数据会驱动数字孪生算法完成诊断、预测和决策等任务，并将指令传递到现实世界中去。可以说，离开数字孪生算法，数字孪生的技术价值是无法实现的。

二、数字孪生的算法风险的表现

数字孪生算法技术赋能的应用场景越来越多，伴随着数字孪生算法技术价值的不断彰显，其在具体实践中也引发了诸如人类的主体性削弱、数字孪生算法偏见、数字鸿沟风险、隐私侵犯和人与数字孪生算法的矛盾关系等一系列风险挑战。

（一）人的主体性削弱

人与数字孪生算法的关系以及人类的主体地位，是数字孪生算法应用过程中应该探讨的首要问题。数字孪生算法越来越高效，但是，数字孪生算法可以自动分析和处理各种复杂的孪生数据，形成认知与决策，在行为、认知、交互等方面都展示出明显的类人的判断力和创造性，而能动地认识和改造这个世界正是人的主体性之所在。所以，人类的主体性不断地被消解，人的主体地位开始动摇，甚至面临着客体化的风险。例如，基于孪生数据驱动的数字孪生算法能够精准地把握人的习惯、偏好，从而可以输出个性化的数字孪生服务。久而久之，随着人类主体的生命结构和本质力量的某些因素被不断地消解，人类的主体性甚至会被抹去并陷入被数字孪生算法控制的尴尬境地。就如贝尔纳·斯蒂格勒（Bernard Stiegler）在其著作《技术与时间》中所言那样，由于人把决策过程委托给机器，人的选择和预判也因此会受到威胁。[①] 到那时，我们可能不免会面临德国哲学家京特·安德斯（Gunther Anders）所言的那种境况：尽管人类一直坚信"创造是人的天性"，但是人们面对其创造物时，却越发有一种自愧弗如与自惭形秽的羞愧，此羞愧堪称"普罗米修斯的羞愧"——在技术面前，这种"创造与被创造关系的倒置"使人成了过时的人。[②]

（二）数字孪生算法偏见

数字孪生算法偏见可以被定义为，在数字孪生的信息-物理闭环系统中，数字孪生算法对某些个人或群体、信息内容产生不公平结果的系统性和可重复性错误。数字孪生算法偏见的本质是社会偏见在数字孪生算法技

---

　　① 参见［法］贝尔纳·斯蒂格勒《技术与时间：第一卷》，裴程译，译林出版社2019年版，第93页。

　　② 参见［德］京特·安德斯《过时的人：论第二次工业革命时期人的灵魂》，范捷平译，上海译文出版社2010年版，第3-6页。

术中的体现，是对公民的平等权、隐私权和数据安全的侵犯。也就是说，数字孪生算法偏见是现实社会的偏见在虚拟世界中的延伸。例如，案例5-1中所讲述的数字孪生算法在辅助司法决策时，存在与人类相类似的偏见行为，表现为数字孪生算法会因为劣势群体的种族、性别、宗教和经济等因素而生成具有差异性的建议，严重威胁着社会的公平正义。数字孪生算法偏见的形成过程与数字孪生算法技术密切相关，主要源于输入的孪生数据和数字孪生算法的低透明度两个方面。孪生数据输入是偏见进入数字孪生算法系统的起始环节。数字孪生算法设计者会在此环节中明确要达到什么目的、要采集哪些孪生数据、如何处理这些孪生数据、选用哪些算法模型等内容。当孪生数据本身就难以反映现实情况，造成对有机世界的遮蔽的时候，就已经埋下了产生数字孪生算法偏见的隐患。也就是说，当孪生数据集本身就存在偏见时，由此衍生出的数字孪生服务也一定是带有偏见的。构建和应用数字孪生算法时存在低透明度的问题是数字孪生算法产生偏见的另一重原因。数字孪生算法具有"仅判相关"和"黑箱"的特性，所以，数字孪生算法设计者在构建和应用数字孪生算法时存在低透明度的问题，也就是说，我们难以评估人为选择的内容对数字孪生算法输出的具体影响，从而加剧数字孪生算法偏见。首先，数字孪生算法仅能学习孪生数据变量之间的相关性，而不能考虑推理和决策之间的因果关系，这会导致数字孪生算法从孪生数据中学习超出人类预期的异常逻辑规则。其次，数字孪生算法具有黑箱特性，即其运算过程高度复杂，极大地超出了人类的认知和理解范围，人们自然也就难以理解数字孪生算法输出服务的缘由。

案例5-1

2015年，美国芝加哥法院所使用的犯罪风险评估算法就被证明对黑人造成了系统性歧视：黑人更有可能被这个系统错误地标记为"具有高犯罪风险"，从而被法官判处更长的刑期。另外，数百万人由于该算法而无法获得保险、贷款和租房等服务，如同被算法"囚禁"。

（三）数字鸿沟风险

数字孪生算法技术强化了"马太效应"，引发了数字鸿沟风险，这是一种正义性风险。该风险主要由两方面的因素造成：一方面，数字孪生算法的不透明、复杂性会导致并加剧信息壁垒、数字鸿沟等违背社会公平正义的现象与趋势；另一方面，数字孪生算法技术的设计、使用程度都与当地经济发展水平、人才水平密切相关，不同出身、性别、种族、地区、消费水平以及受教育程度的人在获取数字孪生算法红利方面存在巨大的差异。正如马尔库塞所言，以技术为中介，文化、政治和经济融合成了一个无所不在的体系，这个体系会吞没或抵制一切替代产品。① 也就是说，数字孪生算法通过整合社会文化和政治经济引发公平、正义问题。例如，富人可以通过数字孪生医疗实现健康监测、手术模拟、手术风险评估等，但是穷人却无法做到，这势必危及健康公平。就如学者曹玉涛所言："社会财富和权力的分配要服从技术资本的'绝对命令'，而且会长期漠视技术风险和代价与承担者利益的存在，不断消弭技术在解决贫困、疾病、饥饿和环境问题上的责任和义务，从而将处于技术垄断之外的人推向社会生活边缘。"② 因此，如何保证人在数字孪生算法的应用中得到公正的对待以增进人类整体福祉，是社会各界不容忽视的伦理难题。

（四）隐私侵犯困境

数字孪生算法正深度影响着人类社会生活，而它在获取、存储和分析海量的个体信息数据的时候，难免会牵涉侵犯个人隐私这一重要的伦理问题。数字孪生算法以孪生数据和机器深度学习为基础，具有越来越强的自主学习

---

① 参见［美］赫伯特·马尔库塞《单向度的人：发达工业社会意识形态研究》，张峰、吕世平译，重庆出版社1988年版，第7页。
② 曹玉涛：《技术正义：技术时代的社会正义》，载《中国社会科学报》2012年12月19日，第B-02版。

和决策能力。数字孪生算法技术越"会算",就越需要个人信息数据作为其迭代升级的"养分"。当前,传感器、智能手机等设备对人类数据信息的采集"无孔不入",人类的隐私化身成数据存在于数字化空间中,不断地被存储、复制和传播,但人类自身的反抗能力又比较弱。例如,数字孪生城市数据来源面广、接入点多,数据集中度高,城市的基础设施高度依赖数据的运行,一旦被入侵,其安全危害就很大,整个城市的运行会瞬间瘫痪。最重要的是,城市的很多数据涉及公民隐私,需要得到有效保护。若我们不能有效地管控数字孪生算法技术,就会造成人类隐私"裸奔"的严重伦理风险。因此,积极保护数据主体的隐私、降低对数据主体的伤害至关重要。

(五) 人与数字孪生算法的矛盾关系

一方面,在数字孪生算法的赋能下,人类的社会生活呈现出美国批判社会学家丹尼尔·贝尔 (Daniel Bell) 在《资本主义文化矛盾》中所描述的场景:这个世界变得技术化、理性化了。机器主宰着一切,生活的节奏由机器来调节,这是一个调度和编排程序的世界,部件准时汇总,加以组装。① 然而,如果人类过分追逐一种百分之百的有效、精准与可预测的没有错误的世界,就容易形成对数字孪生算法的非理性认知,盲目相信数字孪生算法,从而形成一种对数字孪生算法发展的不合理期待。另一方面,在为数字孪生算法呐喊的同时,人类也开始担心数字孪生算法会不会变得愈发强大以至于彻底破解人类的智力、情感、创造力。人类开始担忧能否一直掌控数字孪生算法:数字孪生算法这一人工智能是否可能超越人类智能?数字孪生算法是否可能带来巨大风险而人类不知晓甚至无法预知?数字孪生算法是否可能逐渐演变为一种不受人类控制的自主性的力量?而一旦数字孪生算法具有控制人类或加害于人类的现实可能性时,人与数字孪生算法之间就可能产生倒置错位。

---

① 参见 [美] 丹尼尔·贝尔《资本主义文化矛盾》,赵一凡、蒲隆、任晓晋译,生活·读书·新知三联书店 1989 年版,第 198 页。

三、数字孪生的算法风险的伦理规制原则

在进一步深入探讨数字孪生算法伦理风险的规制路径之前，我们还需厘清数字孪生算法风险的伦理规制所应遵循的根本原则。具体而言，数字孪生算法的伦理规制应明确算法安全可靠原则、坚持算法以人为本原则、贯彻算法公开透明原则、维护算法公平公正原则。

（一）明确算法安全可靠原则

确保数字孪生算法安全、可控是数字孪生算法风险的伦理规制应遵循的首要原则。首先，要努力保证企业和用户的隐私安全以及与此相关的政治、经济和文化安全，应该果断舍弃危及人类安全的数字孪生算法，不应因为功用价值而忽视最重要的安全问题。其次，要保证数字孪生算法不被滥用，黑客、犯罪团伙、敌对势力等为了获取非法私利而更改、破解数字孪生算法等危害人的生命财产安全、破坏社会稳定、严重危害国家安全的行为应当被明令禁止、严厉打击。例如，在数字孪生建筑的算法系统中，多种设备和终端上的数据（包括设计数据、机械系统运行数据、环境数据、施工数据以及零件和运维数据等）是数字孪生建筑系统中算法技术运作的重要动力源，任何数据的安全问题都将引发数据泄密风险，若数据被恶意更改，甚至会引发更重大的安全问题。因此，我们必须将数字孪生算法严格限制在安全的轨道上运行。

（二）坚持算法以人为本原则

数字孪生算法的应用应该为广大人民群众带来福祉、便利和享受而不能仅成为少数人的专属，应该为数字孪生算法使用者中的弱势群体提供更多的包容和理解而不应因身份、地位、财富、性别等不同而差别对待，从而让数字孪生算法满足广大人民群众的基本需求和对美好生活的向往。与

此同时，应鼓励公众提出质疑或有价值的反馈，保障公众参与以及个人权利行使，从而共同促进数字孪生算法产品性能与质量的提升。数字孪生算法的使用应始终坚持以人为本、为广大人民群众谋福利的正确发展方向，彰显数字孪生算法造福全人类的价值。

（三）贯彻算法公开透明原则

数字孪生算法要做到公开透明，禁止过时、错误、片面或带有偏见的数据被输入数字孪生算法，以防止数字孪生算法对特定人群产生偏见和歧视。数字孪生算法公开透明重点强调的是包括数字孪生算法的代码、内容、形式以及使用、组织、管理等信息的公开、透明。因为数字孪生算法的应用门槛较高，大多数数字孪生算法使用者由于知识的限制，难以知晓数字孪生算法的代码、内容和运作方式等，这就导致数字孪生算法使用者对数字孪生算法的安全、质量和有效性的认同存在滞后性。所以，应该公开数字孪生算法的相关信息，增强公众对数字孪生算法的认知、识别，让公众更加安心地使用数字孪生算法，并让数字孪生算法技术更加顺利地发展。

（四）维护算法公平公正原则

公正，是我国的社会主义核心价值观之一，是打造平等社会、消弭偏见的价值观念。数字孪生算法偏见产生的根源是数字孪生算法设计人员将社会中存在的偏见带入了数字孪生算法，使数字孪生算法所依赖的训练数据存在偏见，甚至隐私保护中也可能存在偏见。因此，解决数字孪生算法偏见问题的根本就在于打造公平公正的现实世界。

四、数字孪生的算法风险的伦理规制路径

伯特兰·罗素（Bertrand Russell）曾预言，在人类的历史上，我们第

一次达到了这样一个时刻：人类种族的绵亘已经开始取决于人类能够学到的为伦理思考所支配的程度。如果我们继续允许发挥破坏性的激情，我们日益发展起来的技能就势必会给所有人带来灾难。① 如今，数字孪生算法技术发展所带来的新伦理问题正考验着人类为伦理思考的能力及其程度。唯有进行一些关于伦理设计的前瞻性思考，才能更好地引导数字孪生算法的发展，从而使所有人都受益匪浅。为此，我们可以从以下几个方面进行伦理规制：努力实现人的主体性回归、进行算法技术的价值敏感性设计、创新算法技术的伦理准则、引入算法技术的责任伦理、集聚算法治理的各方力量、提升公众群体的算法素养。

（一）努力实现人的主体性回归

针对数字孪生算法的广泛应用逐渐弱化人的主体性这一风险挑战，人们应该限定数字孪生算法的应用边界，避免过度依赖数字孪生算法。

首先，人们应该明确设定数字孪生算法的应用边界。其一，数字孪生算法不能动摇人的中心地位，这就要求数字孪生算法应该是透明的、可解释的，以保证人类能够监督与控制数字孪生算法。数字孪生算法作为服务于人类的客体而存在，其发展应该遵循服务于人的原则，以确保人类始终处于主体地位，避免人类被异化和边缘化。其二，数字孪生算法不能颠覆人类基本伦理及价值观，也就是说，数字孪生算法的应用应该坚守不伤害人类、不损害社会的公平正义、技术向善的基础性原则。人们应把数字孪生算法技术始终置于人类的可控制范围之内，以避免损害人类自身利益，唯有如此，才能有效应对数字孪生算法所引发的各种伦理风险，推动数字孪生算法运行于正确的轨道，实现维护人的尊严、保障人的自由意志、提升人类福祉的伦理旨趣。

其次，人们要避免过度依赖数字孪生算法，保证人与数字孪生算法技

---

① 参见［英］伯特兰·罗素《伦理学和政治学中的人类社会》，肖魏译，中国社会科学出版社1992年版，第159页。

术之间保持目的与手段、利用与被利用的关系，避免沦为数字孪生算法的"奴隶"、消解人的主体性、背离"人的本身"。在人与数字孪生算法的关系中，人是当然的主体，数字孪生算法技术是客体；人是目的，数字孪生算法技术是实现目的工具而已。就如刘易斯·芒福德（Lewis Mumford）在《技术与文明》一书中所言，机器文明的一切机制都必须服从人的目的、人的需求。① 以数字孪生算法赋能医疗为例，在判断一个人是否会生病以及选择诊疗方案的时候，医生应该处于主体地位，在尊重医生的选择判断的基础上参考数字孪生算法的建议。

（二）算法技术价值敏感性设计

美国学者巴提雅·弗里德曼（Batya Friedman）与同事在 1992 年提出了"价值敏感性设计"（value-sensitive design）的理念，认为在技术设计阶段就要全面性、系统性地考量人类价值并将其"嵌入"技术系统中。闫坤如指出，价值敏感设计是一种基于理论的技术设计方法，其在整个设计过程中以一种原则和全面的方式考虑人类价值。② 价值敏感性设计这一思想强调在设计过程中以原则的方式阐明人的价值观，通过将伦理道德价值内嵌于技术，从而减缩技术和人类的伦理价值关切之间的距离。价值敏感性设计是开展数字孪生算法伦理建构的新通路，可以实现将数字孪生算法变为数字孪生"善法"。

具体而言，价值敏感性设计主要关涉三个研究层面。首先，我们要为价值敏感性设计提供价值考量，这需要对与技术相关的人类价值进行哲学反思，列出与技术相关的人类价值清单并进行排序。价值敏感性设计的倡导者玛丽·卡明斯（Mary Cummings）指出，在价值敏感性设计过程中，

---

① 参见［美］刘易斯·芒福德《技术与文明》，陈允明、王克人、李华山译，中国建筑工业出版社 2009 年版，第 377 页。

② 参见闫坤如《人工智能设计的道德意蕴探析》，载《云南社会科学》2021 年第 5 期，第 28-35、185-186 页。

我们可以考虑的人类价值有：福利、所有权和财产、隐私、普遍可用性、免于偏见、自主性、信任、知情同意、责任以及环境可持续性等。就数字孪生算法而言，我们认为，首先要考虑的伦理道德价值便是公正、安全、可靠，它们是数字孪生算法得以正常应用的可靠保障。其次，我们应通过多学科的调查分析，对设计进行技术和价值两个层面的评估，实现技术与道德的有机融合，打造道德化的技术。例如，在数字孪生算法引起隐私侵犯的价值困境和提高数字孪生算法可靠性和稳定性的技术需求之间寻求一个数字孪生算法价值冲突的平衡点。最后，将经过价值考量、实践检验的治理经验运用到技术设计中，以确保所创造的技术合乎伦理道德价值以及通过各种设计最好地支持这些价值。值得注意的是，虽然这三个层面各自发挥的作用不同，但都是在将人类的伦理道德价值与行为方式内嵌于数字孪生算法设计的全过程之中，同时，这三个层面之间会相互影响、相互支持。

（三）创新算法技术的伦理准则

面对数字孪生算法在应用过程中所引发的各种风险挑战，传统的法律制度和伦理准则的约束力被削弱。在鉴定新技术提出的伦理问题后，我们一般不能依靠现有的规则或新制订的规制，用演绎方法自上而下地加以解决；反之，则需要自下而上地分析这些伦理问题，考虑其特点，对相关利益攸关者的价值给予权衡，以找到解决办法的选项，然后应用伦理学的理论和原则加以论证。[①] 因此，在制定数字孪生算法的伦理准则时，我们要自下而上地寻找解决问题的方法，以提高伦理准则的实效性。

首先，要制定公平正义的伦理准则。一方面要关注伦理准则自身的公平与正义，只有公正的规则，才能获取民心、广得美誉，更好地被信服与纳用；另一方面要确保伦理准则被寄予善的价值目标，只有具有正能量的

---

① 参见邱仁宗、黄雯、翟晓梅《大数据技术的伦理问题》，载《科学与社会》2014 年第 1 期，第 36-48 页。

动力因素，才有存在与被采用的价值，而且在潜意识被利己主义攻城略地的数字孪生时代，利益的引诱极易使社会成员走向"一切向钱看"的错误道路，为减少此种不良事件，我们需要伦理准则中"善"的指引与约束。其次，要不断更新与完善伦理准则。随着数字孪生算法的深入发展，现行的具体伦理准则确实已经不再适用，这是不容忽视的现实。发展的普遍性和必然性决定了伦理准则及时变化、发展的必要性。在数字孪生时代，原有的伦理制度滞后问题日益凸显，因而要结合数字孪生时代的发展要求，不断完善相关伦理准则。再次，要发挥传统伦理思想的约束力。传统伦理思想可为现代伦理道德建设提供重要而又有效的思想资源，尤其是"仁"的观念、"诚"的思想、"义利"之辨和"慎独"精神。[1] 人们应借助传统道德思想的约束力，提升伦理准则的实效性。最后，要促进自然科学领域和人文社科领域的专家形成良性对话机制，使双方合力创新制定数字孪生算法伦理准则。我们可以参照一些在全球范围内比较有影响力的算法伦理准则，在此基础上形成具有自身特色的数字孪生算法伦理准则，助力我们数字孪生算法事业的发展。

（四）引入算法技术的责任伦理

随着智能技术的不断更新迭代，责任伦理逐渐步入了学术界的视野，责任伦理是随着应用伦理学兴起而逐渐发展并流行的新型伦理学概念，也被称为科技时代的新伦理。[2] 数字孪生算法所引发的各类风险究竟由谁承担是需要思考衡量的重要问题，因此，责任伦理也是数字孪生算法风险的伦理治理中必须关注的一个视角。

首先，明确划分责任主体。主体责任的缺失是高技术伦理困境的源

---

[1]　参见刁生虎、刁生富《传统伦理思想与现代网络道德建设》，载《淮阴师范学院学报（哲学社会科学版）》2006年第2期，第210—214、218页。

[2]　参见陈彬《科技伦理问题研究：一种论域划界的多维审视》，中国社会科学出版社2014年版，第42页。

头。① 厘清数字孪生算法风险的责任主体是数字孪生算法伦理治理的重中之重。数字孪生算法设计者仍然是主要的责任主体，所以，数字孪生算法技术设计人员要明确树立对发明创造的技术负责的责任意识，对数字孪生算法承担道德责任。具体而言，数字孪生算法设计者需要承担正向和负向两种道德责任。在正向的道德责任视域下，数字孪生算法设计者应该保障数字孪生算法技术合乎伦理规范并做出正确的、道德的选择；在负向的道德责任视域下，当数字孪生算法引起不利后果的时候，数字孪生算法设计者应该积极承担责任、不逃避责任。

其次，普及全民责任意识。数字孪生算法技术正对社会产生着十分全面、深刻的影响。汉斯·约纳斯曾言，并非只有当技术被恶意地滥用，即滥用于恶的意图时，才会产生不良结果，即便当它被善意地用到它本来的和最合法的目的时，技术仍有其危险的、能够长期起决定性作用的一面。② 因此，在数字孪生时代，每一位公民都应担负起合情合理地使用数字孪生算法技术、防止数字孪生算法技术被滥用的责任。特别要注意的是，数字孪生算法设计人员要更新技术观念，摒弃技术与道德的错误观念，以善良道德引导数字孪生算法技术的发展方向，使数字孪生算法技术从设计之初到应用的全部过程都始终保持道德合理。

（五）集聚算法治理的各方力量

伦理治理是依靠社会各群体对道德的传扬来加强对社会的治理的，这需要弘扬社会"善"的主旋律。数字孪生时代算法风险的治理需要社会治理的合力与伦理治理有效结合、协同共治，以提高治理的效力。

首先，伦理与法律互补。法律的制定是在道德的基础上产生的，但是，法律的权威性和实际效力是凌驾于道德之上的。于是，伦理引导与法

---

① 参见赵迎欢《高技术伦理学》，东北大学出版社 2005 年版，第 109 页。
② 参见［德］汉斯·约纳斯《技术、医学与伦理学——责任原理的实践》，张荣译，上海译文出版社 2008 年版，第 4 页。

律治理的结合将对当今社会公民起到内外双重影响的作用。既在心灵层面给人以约束，让人的行为回归"善"的本原，也能促进人的外在行为符合善的要求，以符合法律的规章制度。

其次，伦理与监管互助。一方面，监督行为要具有善的目的，符合伦理需求，以提高监管的公正、有效性；另一方面，伦理治理的推行也需要政府的监督与管理，以提高伦理治理的实际效力。数字孪生算法技术发展需要在伦理治理下，由政府进行进一步的监督、落实。2022 年 1 月 4 日，国家互联网信息办公室、工业和信息化部、公安部、国家市场监督管理总局联合发布了《互联网信息服务算法推荐管理规定》。该规定明确指出了算法推荐服务提供者的信息服务规范，包括建立健全用户注册、信息发布审核、数据安全和个人信息保护、安全事件应急处置等管理制度和技术措施，切实维护公民的合法权益。

最后，伦理与技术互协。脱离技术实际问题的伦理治理是空泛的、无力的，不被赋予伦理道德价值观的技术是无界限、无底线的。向研发的技术赋予一定的道德意念，即为数字孪生算法技术设置一定的道德制度规范，能使数字孪生算法技术的行为表达和功能属性在一定的伦理范围内运行，这将有效预防数字孪生算法技术风险，从而更加符合我们所追求的科技向善准则。

（六）提升公众群体的算法素养

关于社会为什么能够进步，哈贝马斯认为，人类在"对于相互作用的机构具有决定性作用的道德-实践意识的领域中进行学习"[①]。也就是说，哈贝马斯认为，观念、意识、价值取向在社会良性发展中具有决定性作用。因此，为有效应对数字孪生算法所带来的社会伦理问题，更新人们的观念和价值取向、提升公众的数字孪生算法素养是一项重要课题。具体而

---

① [德] 尤尔根·哈贝马斯：《重建历史唯物主义》，郭官义译，社会科学文献出版社 2000 年版，第 159 页。

言，人们应加强数字孪生算法认知教育、弘扬数字孪生算法伦理、构建人与数字孪生算法的和谐共生关系。

首先，加强数字孪生算法认知教育。人们要科学普及数字孪生算法，了解、掌握数字孪生算法的技术逻辑，体会其在精准预判、全生命周期管理、快速而高效做出决策等方面所发挥的重要价值，扭转人们对数字孪生算法的错误观念和片面认知。可以预见的是，如果大多数人能够掌握数字孪生算法的基本知识，人们就能以更为客观的态度评价数字孪生算法。

其次，弘扬数字孪生算法伦理。数字孪生算法设计者应该对诸如生命权、隐私权、福利、公平等人类伦理道德价值与行为规范进行充分的考虑，使数字孪生算法能够尊重生命、保障人类权益、增进人类福祉、维护社会公正。人们应该深刻地认识和学习作为科技主体所应当具备的道德意识、道德判断力以及所肩负的道德责任，从而，在面对数字孪生算法之时，能够树立高度的道德自信，增加伦理抉择的主动性，避免陷入道德困境之中。

最后，构建人与数字孪生算法的和谐共生关系。寻求构建人与数字孪生算法的和谐共生关系需要我们批判地看待数字孪生算法，而不是单一地抵抗或者解构数字孪生算法。正如海德格尔曾指出的，无论我们是激烈地肯定还是否定技术，我们仍是受制于技术的，是不自由的。[1] 的确，以二元对立的思维看待数字孪生算法无助于解决人与数字孪生算法之间的矛盾。我们需要摒弃二元对立的思维方式，将数字孪生算法视为另一个自然。"天命可不是要我们稀里糊涂地被迫去盲目推进技术的发展，或者把它当作恶魔的产品来诅咒。恰恰相反，当我们确乎向技术本质敞开时，我们会发现自己意想不到地被带进了一种自由的召唤之中。"[2] 我们不应将数

---

[1]　参见［德］马丁·海德格尔《人，诗意地安居：海德格尔语要》，郜元宝译，上海远东出版社1995年版，第123页。

[2]　［德］马丁·海德格尔：《人，诗意地安居：海德格尔语要》，郜元宝译，上海远东出版社1995年版，第135页。

字孪生算法看作一个需要被征服和控制的对象，而应逐渐消解人与数字孪生算法之间的实体性对抗，以实现"人-数字孪生算法"的和谐共存。

第六章

数字孪生的算法素养与伦理规制

数字孪生算法社会的空间、主体和技术是分析数字孪生算法社会特征的三个重要向度。数字孪生算法社会重塑着人类的发展，一方面，数字孪生算法对人类发展具有正向塑造作用，使人与人之间实现高度互联和高频互动，也使人类的决策能力被极大地延伸；另一方面，数字孪生算法对人类发展具有逆向塑造作用，使人类被简化为可被评分量化和评估的"物"、成为无偿的生产孪生数据的数字劳工、面临"技术性失业"。为增强对数字孪生算法社会的适应力，人们应努力提高自身的数字孪生算法素养，并进行数字孪生算法的伦理规制。

人类社会的发展在经历了几千年的农业社会、几百年的工业社会和几十年的信息社会三个阶段之后，正大踏步地迈向数字孪生算法社会，即普遍使用数字孪生算法做出决策、围绕数字孪生算法逻辑组织和运转的社会。在数字孪生算法社会中，人们的生存形态进一步发生变革。面对数字孪生算法对人类发展的正逆双向的塑造作用，为增强在数字孪生算法社会的适应力，人们有必要提升自身的数字孪生算法素养，并进行数字孪生算法的伦理规制。

一、数字孪生算法社会的特征分析

数字孪生算法社会的到来是数字孪生算法技术广泛性渗透的结果，标志着数字孪生算法技术已经深度赋能于社会各领域之中。在数字孪生算法技术的广泛性渗透之下，数字孪生算法社会的空间、主体和技术向度都发生了深刻的变化，刻上了数字孪生算法技术的烙印。正如著名法国人类学家和社会学家马塞尔·莫斯（Marcel Mauss）等人所言，技术现象不仅呈现出人类一般活动和社会活动特定形式里的本质兴趣，也呈现出一种普遍的兴趣。事实上，就像语言或艺术，一个社会的技艺会立刻展示出这个社会许多其他事物的特征。[①] 具体而言，在数字孪生算法社会，数字孪生空间成了人类进行社会实践活动的新空间，数字孪生人成了数字孪生算法社会的主体，而数字孪生算法技术是有效地实现社会治理的治理术。

（一）数字孪生算法社会的空间向度

迈入数字孪生算法社会，数字孪生空间成了人类进行社会实践活动的新空间。数字孪生空间是关联物理空间和与物理空间实时映射的虚拟空间的新生存空间。物理空间是现实空间，是人类进行社会实践活动直接接触

---

① 参见［法］马塞尔·莫斯、［法］爱弥尔·涂尔干、［法］亨利·于贝尔《论技术、技艺与文明》，蒙养山人译，世界图书出版公司北京公司 2010 年版，第 52 页。

的空间。虚拟空间是与现实空间实时交互、精准映射的空间，是对现实空间的模仿、延伸和增强，乃至超越。数字孪生空间则是现实空间和虚拟空间的关联空间，是数字孪生技术发展的智能产物。现实空间与虚拟空间在时空上呈现对等的关系，这意味着人类可以从直接的认识和实践活动中抽离出来，人们在用数字孪生进行创新实验探索时，往往能够间接地操控实验过程。也就是说，人们开展社会实践活动可以不必"具身在场"，而是可以脱离地域的限制，实现一种具身情境下的远程的"分身在场"。

（二）数字孪生算法社会的主体向度

数字孪生算法社会的主体是一个个存在于虚拟空间的、与现实人实时交互且精准映射的数字孪生人。技术正在不断地入侵身体世界，正在持续地塑造新的身体,[1] 数字孪生算法技术捕捉人的感知、行动等制造成孪生数据，并为每个现实人"计算"出一副由孪生数据构成的可以被精准解析的孪生数据躯体——数字孪生人。数字孪生人是孪生数据的组合，数字孪生人的本质就是孪生数据，数字孪生人之间交往的本质就是孪生数据的交换，孪生数据交换本身又可以产生新的孪生数据。于是，数字孪生人实际上已经超越了传统意义上的身体存在物，而由孪生数据构成数字孪生体。借助数字孪生人这副孪生数据躯体，现实人可以超越物理身体的局限，在虚拟空间中实现时间上的"不朽"和空间上的"永存"。

（三）数字孪生算法社会的技术向度

数字孪生算法正广泛而深入地应用于社会各个场景之中，并且正在无孔不入地构建、干预、引导和改造着整个社会的运行，是有效地实现数字孪生算法社会治理的治理术。数字孪生算法将人类生活的方方面面还原为一系列的信息、数据、样本，并基于巨大的孪生数据库实现对整个人类社

---

① 参见孙玮《交流者的身体：传播与在场——意识主体、身体-主体、智能主体的演变》，载《国际新闻界》2018 年第 12 期，第 83–103 页。

会的掌控。基于对孪生数据的收集和分析，数字孪生算法可以达到比我们人类自己还了解自己的效果，"机器对人的了解程度和人与人之间的默契不相上下"①。值得注意的是，这种对人类的了解、对社会的掌控，虽然没有有形的束缚，但是却深入每一个个体内部，实现对每一个个体的精准分析和精准识别。

二、数字孪生算法社会对人类发展的重塑

数字孪生算法打造出了一个新的社会形态——数字孪生算法社会，而数字孪生算法社会也重新塑造着人类的发展。一方面，数字孪生算法社会对人类发展具有正向塑造作用，使人与人之间实现高度互联和高频互动，也使人类的决策能力被极大地延伸；另一方面，数字孪生算法对人类发展具有逆向塑造作用，使人类被简化为可被评分量化和评估的"物"，成为无偿的生产孪生数据的数字劳工，因面临"技术性失业"而陷入客体化风险。

（一）数字孪生算法对人类发展的正向塑造：数字孪生算法社会的新发展际遇

第一，人与人之间实现高度互联和高频互动。数字孪生算法可将在现实空间中相隔甚远的人类个体置于数字孪生空间之中，消除物理空间的区隔，使人与人之间实现高度互联和高频互动。这依赖于数字孪生算法在传统网络聚合作用的基础上，为拥有共同语境而物理缺场的人们提供了"摇一摇""共同关注""好友推荐"等更加智能和多样的新型聚合机制。这种新型聚合机制不仅深刻改变了人们的交往方式，还拓展了潜在的社交空间，让跨时空交往乃至普遍性社会交往逐渐成为可能。这意味着，受益于

---

① ［美］尼古拉·尼葛洛庞帝：《数字化生存》，胡泳、范海燕译，海南出版社 1997 年版，第 186 页。

数字孪生算法，更多的个体将会被牵连参与进社会公共生活之中，人类个体社会实践的可能性将被极大地拓展。

第二，人类的决策能力被极大地延伸。正所谓技术延伸了人的能力，数字孪生算法作为一项智能技术极大地延伸了人类的决策能力，以前由人类执行的决策和选择，现在已经越来越多地被交付给了数字孪生算法，数字孪生算法即使不能够"出谋划策"，也可以提供关于如何解释孪生数据和采取何种行动的建议，实现了社会各领域的智能化发展。例如，人们利用数字孪生算法预测学生的学习需求，推荐学习资源，设计学习路径，个性化定制学习方案，等等，充分实现了数字孪生算法技术与教育教学的深度融合。

（二）数字孪生算法对人类发展的逆向塑造：数字孪生算法社会的新伦理问题

第一，人类被简化为可被评分量化和评估的"物"。因为数字孪生算法的技术性实现依赖的是事物的确定性维度，它以一种线性逻辑和量化标准描述世界，所以，在数字孪生算法系统中，人类需要被简化成为可计算的变量。但是，这便意味着现实生活中的人的多样性、生动性、差异性、复杂性被舍弃，甚至人的情感、态度、价值观等非理性因素也被剥离，人的全部特性只剩下理性的成分，人被高度地泛化、简化、抽象化、概念化。正如学者高兆明所言，将人数据化，将人理解为"算法"，将人的一切交给"算法"，这不是在提升人类，而是在矮化人类。[①]

第二，人类成为无偿的生产孪生数据的数字劳工。德勒兹（Deleuze）曾言，不必问哪种制度最残酷，或最可被容忍，因为在每种制度中，自由与奴役都在交锋。在数字孪生算法社会中，人们成为无偿的生产孪生数据的数字劳工，交付着自己的某些自由、陷入被奴役的境况。数字孪生算法

---

① 参见高兆明《"数据主义"的人文批判》，载《江苏社会科学》2018 年第 4 期，第 162-170、274 页。

受到资本逐利逻辑的驱使，会私自收集、占有、解构用户的个人数据，使人们陷入其建造的"数字化全景监狱"，遭受着深层而隐性的剥削、操控。"人类的日常生产生活无时无刻不在被纳入数据生产的抽象化过程之中"①，而且，人们"生产"的孪生数据更加全方位、深层次，就生物特征而言，不仅包括人脸、指纹等表层次的生物特征数据，还包括眼球运动、肌电信号等深层次的生物隐私信息。

第三，人类面临"技术性失业"，陷入客体化风险。从当前的社会发展趋势来看，数字孪生算法并未很好地解决人类的就业问题，反而使人类面临"技术性失业"。人工智能与实体经济的深度融合，使得智能机器的技术优势和潜力得以释放，智能机器的替代性劳动不断增多，智能机器越来越能够胜任原来人类所从事的程序化工作。② 数字孪生算法将人挤出劳动就业市场，挤压人的工作机会，然而劳动是人的主体性的基本保障，"除了作为生存手段的'硬'意义，劳动（包括体力劳动和智力劳动）还有不可或缺的'软'意义：劳动提供了'生活内容'，以哲学概念来说，它是有意义的'经验'，即接触事物和人物的经验。与事物和人物打交道的经验充满复杂的语境、情节、细节、故事和感受，经验的复杂性和特殊性正是生活意义的构成部分，也是生活值得言说、交流和分享而且永远说不完的缘由，是生活之所以构成值得反复思考的问题的理由。假如失去了劳动，生活就失去了大部分内容，甚至无可言说"③。只有参与劳动才能够让人充满自觉地生活，否则只能是被动无聊地生存。所以，面对数字孪生算法智能技术所带来的"技术性失业"，个体会逐渐沦为被支配的客体。

---

① 孟飞、郭厚宏：《数据资本价值运动过程的政治经济学批判》，载《中国矿业大学学报（社会科学版）》2022 年第 3 期，第 57~70 页。
② 参见刘庆振、王凌峰、张晨霞《智能红利：即将到来的后工作时代》，电子工业出版社 2017 年版，第 118 页。
③ 赵汀阳：《人工智能"革命"的"近忧"和"远虑"——一种伦理学和存在论的分析》，载《哲学动态》2018 年第 4 期，第 5~12 页。

三、数字孪生算法素养及伦理问题

从上述分析可知，数字孪生算法社会深刻地塑造着人类的发展。为提高对数字孪生算法社会的适应力，人们应增强自身的数字孪生算法素养，进行数字孪生算法的伦理规制。

（一）增强公众的数字孪生算法素养

数字孪生算法素养是与数字孪生算法社会发展相匹配的素养，数字孪生算法素养涵盖知识、能力、思维、态度、道德五个层面，即数字孪生算法的技术性知识和社会性知识，理解、驾驭数字孪生算法的能力，批判地看待数字孪生算法活动各个阶段的思维，走近、直面数字孪生算法的态度，以及数字孪生算法的伦理道德。

1. 知识层面：熟知数字孪生算法的技术性知识和社会性知识

数字孪生算法正以技术无意识（technological unconscious）的方式在社会生活中发挥着越来越重要的作用，"如果你理解今天的算法是如何工作的，那么就更容易判断关于未来的预测，哪些是比较现实的，哪些是虚无缥缈的。当我们无法理性地思考算法的影响，忘乎所以地做着科幻大梦时，算法就成了我们所面临的最大风险"①。为了更多地了解数字孪生算法是如何运作、如何影响社会生活的，以便更好地适应数字孪生算法社会，公众需要提升知识层面的数字孪生算法素养。知识层面的数字孪生算法素养是指了解数字孪生算法的系统的纯粹技术性的知识，以及数字孪生算法的社会性知识。数字孪生算法的纯粹技术性的知识主要是指数字孪生算法工具和服务的使用方法和操作技能，为提升对数字孪生算法的纯粹技术性知识的了解，人们可以借助教育、培训、操作文档等途径熟练掌握数字孪生算法工具的基本特

---

① ［瑞典］大卫·萨普特：《被算法操控的生活》，易文波译，湖南科学技术出版社2020年版，第233页。

征、类型、操作步骤、运行的基本逻辑等。数字孪生算法的社会性知识是指与技术性的数字孪生算法知识相对的、在数字孪生算法的使用过程中由使用者集体建构的与数字孪生算法相关的知识。数字孪生算法的社会性知识是社会性的实践知识，属于实践知识的范畴，它可以指导人们更好地应对数字孪生算法。数字孪生算法的社会性知识的获得源于人们在数字孪生算法的使用过程中的不断建构，也就是说，人们在使用数字孪生算法的过程中不断深入地了解数字孪生算法，并在该过程中获得了数字孪生算法的社会性知识并内化数字孪生算法。

2. 能力层面：理解数字孪生算法、驾驭数字孪生算法的能力

能力层面的数字孪生算法素养是指公众理解数字孪生算法、与数字孪生算法共生的能力。理解数字孪生算法的能力是指全面了解数字孪生算法，清晰地知道数字孪生算法是什么。具体而言，公众应该明晰数字孪生算法是指运作于数字孪生五维结构（物理实体、虚拟模型、孪生数据、连接、服务）之中的算法。数字孪生算法是数字孪生系统的灵魂，是数字孪生系统进行预测、决策的重要技术支持。在数字孪生系统中，大量来自物理实体的实时数据会驱动数字孪生算法完成诊断、预测和决策等任务，并将指令传递到现实世界中。可以说，离开数字孪生算法，数字孪生的技术价值是无法实现的。驾驭数字孪生算法的能力是指人们能够将所设计、使用的数字孪生算法的发展置于可控范围之内，以防止数字孪生算法超出人的控制范围并对人类造成伤害。但是，驾驭数字孪生算法并不意味着以传统的主客二分的思维对待数字孪生算法。按照传统的主客二分的思维，人与数字孪生算法之间是发明与被发明、控制与被控制、使用与被使用的关系。然而，人与数字孪生算法之间的这种分裂、对抗的关系，会制造更多的社会问题。数字孪生算法并不是我们的敌人，而是人的延伸，消解人与数字孪生算法之间的对抗、超越人与数字孪生算法之间的主客二分的思维方式，是实现人与数字孪生算法"共生"的通路。"天命可不是要我们稀里糊涂地被迫去盲目推进技术的发展，或者把它当作恶魔的作品来诅咒。

恰恰相反，当我们确乎向技术本质敞开时，我们会发现自己意想不到地被带进了一种自由的召唤中。"① 我们只有更全面地理解数字孪生算法，揭开数字孪生算法的神秘面纱，与数字孪生算法实现"共生"，才能在数字孪生算法技术面前继续保有人类的尊严。

3. 思维层面：批判地看待数字孪生算法活动各个阶段的思维

思维层面的数字孪生算法素养是指公众在与数字孪生算法的交互过程中能够理性反省自身的内在认知及外在行为。公众在与数字孪生算法交互的过程中，不能仅仅被动地接受数字孪生算法，还要能够在数字孪生算法活动的各个阶段做出合理评价。数字孪生算法是其设计者的思维映射，对数字孪生算法设计者的知识和观念有所依赖，具有一定的局限性。正如吴静所言，"当一种算法被制造出来的时候，零散的数据被给予立场并与其他数据之间建立起联系。算法不是数据的内在结构，它是被有目的性地制造出来的数据的外在性空间，从而具有生产上的无限可能性。也正因为如此，即使是最日常的数据，也可以被不同的算法多重地质询。不同的目的产生不同的算法，它既取决于经验性的判断，也体现出对未知进行探索的可能。算法的不同目的和结构创造了数据之间的关系，这些关系在算法之外未必成立"②。数字孪生算法输入数据的质量、数字孪生算法的应用目的、数字孪生算法的内置逻辑结构均会影响数字孪生算法的输出。从数字孪生算法的应用目的来看，数字孪生算法是一种纯粹的目的的实现。也就是说，数字孪生算法设计者将目的、意图内嵌于数字孪生算法之中，但是数字孪生算法并不会对这些目的、意图进行伦理、法律方面的审查，它只是在完成从数据输入到数据输出的各个环节的工作流程。因此，这意味着公众不能迷信数字孪生算法的处理与决策输出，而要积极主动地对数字孪生算法输入、运行及输出的活动流程做出

---

① ［德］马丁·海德格尔：《人，诗意地安居：海德格尔语要》，郜元宝译，上海远东出版社 1995 年版，第 135 页。

② 吴静：《算法为王：大数据时代"看不见的手"》，载《华中科技大学学报（社会科学版）》2020 年第 2 期，第 7-12 页。

批判性思考，合理地看待数字孪生算法活动的各个阶段，具备质疑、评估和选择数字孪生算法的能力。具言之，在数字孪生算法输入阶段，公众要明确数字孪生算法是否准确捕获和理解了自身的需求表达；在数字孪生算法选择阶段，公众要判断数字孪生算法功能类型是否匹配实际任务场景和目标；在数字孪生算法运行决策阶段，公众要判断数字孪生算法的输出结果是否满足自身需要，是否有助于问题的解决。

4. 态度层面：走近数字孪生算法、直面数字孪生算法的态度

数字孪生算法使用者应该意识到数字孪生算法技术已经广泛地介入人类的生活之中，它在今后的社会生活中也将成为越来越重要的存在。这不仅会在一定层面上改写现实社会的运行逻辑，还会从根本上改变社会存在的方式。正因为如此，态度层面的数字孪生算法素养是至关重要的，态度层面的数字孪生算法是指公众能够走近、直面数字孪生算法，消除面对数字孪生算法的焦虑情绪。

走近数字孪生算法意味着公众积极主动地了解、接受数字孪生算法，掌握数字孪生算法的基本知识，了解数字孪生算法的主要功能，把握数字孪生算法社会的特征，而不是逃避、否定甚至排斥数字孪生算法。为此，人们需要接受数字孪生算法教育，政府有关部门和各高校应该联合数字孪生算法行业的专业技术人员开设数字孪生算法课程，帮助人们了解数字孪生算法的运作逻辑、使用方法、本质规律，从而引导人们跳出数字孪生算法的藩篱，真实、清晰、透彻地了解数字孪生算法的存在。直面数字孪生算法意味着直面数字孪生算法的技术逻辑、应用思维、现实状况和社会效应，积极主动地和数字孪生算法打交道，真正发现数字孪生算法是一项以我们的自身形象创造的、具有智能的技术人造物。"人工智能技术不仅改变了技术存在的面貌。而且改变了社会运行的逻辑，是人本质力量对象化过程中对人本性的一种追求与思考，是以技术创造物为参照对象的思考。"[①]

---

① 涂良川、钱燕茹：《人工智能奇点论的技术叙事及其哲学追问》，载《东北师大学报（哲学社会科学版）》2022年第6期，第57-65页。

5. 道德层面：人与技术两个维度培养数字孪生算法伦理道德

在数字孪生算法社会，人类面临着被简化为可评分量化和评估的"物"、成为无偿的生产孪生数据的数字劳工、客体化的风险等诸多伦理问题，所以，培养公众的数字孪生算法伦理道德至关重要。道德层面的数字孪生算法素养是指在数字孪生算法的设计、应用过程中能够自觉遵守道德原则，促进数字孪生算法造福人类等的意识和能力。一方面，从人的角度来看，数字孪生算法设计者在数字孪生算法的设计过程中要关注到数字孪生算法技术的伦理风险，保持一颗向善之心，做到有责任地设计数字孪生算法，要对诸如生命权、隐私权、福利、公平等人类伦理道德价值与行为规范进行充分考虑，使数字孪生算法能够尊重生命，保障人类权益，增进人类福祉，维护社会公正。与此同时，在数字孪生算法的设计过程中，要考量数字孪生算法的应用场域及其对人的有益之处，务必要做到将人类放置在设计环节的中心，把它作为增强人类智慧的工具，而不是作为奴役和剥削人的工具。另一方面，从技术的角度来看，因为数字孪生算法伦理是人的伦理的延伸和增强，所以也需要人们不断提高自身的伦理素质与能力。这样做不仅有利于促成人们乐观地看待数字孪生算法，也能促成人与数字孪生算法关系的和谐发展，还有利于防止因数字孪生算法决策超越人类的认知导致无法理解智能系统所做的决定而否定其正确的决定。总而言之，人们要提升自身的数字孪生算法伦理道德素养，根本上需要从人与技术两个维度来思考伦理重构的问题。由此可见，在数字孪生算法伦理框架中，面向人类本身的伦理发展与面向数字孪生算法的伦理赋能同等重要，所以在提高人类自身对未知伦理价值的判断能力的同时，绝不能在伦理上赋予那些不被人类所能理解的机器伦理价值和物欲的伦理体系。

（二）数字孪生算法的伦理规制

为提高数字孪生算法伦理规制的有效性，防止数字孪生算法伦理问题的发生、集聚与扩散，我们认为，数字孪生算法的伦理规制可以从以下五个方面展开：坚持以人为本为核心的治理指导思想，建立人与数字孪生算法的命运共同体，构建数字孪生算法道德从善的道德形态，强化数字孪生算法的道德责任的构建，进行数字孪生算法伦理审查制度建设。

1. 坚持以人为本为核心的治理指导思想

以人为本应该是数字孪生算法未来发展的核心逻辑，也是判定数字孪生算法未来发展是否有价值、能否健康可持续发展的价值准则。在数字孪生算法社会，人类化身为数字孪生人，虽然数字孪生人是单一的孪生数据处理系统，但是，数字孪生人的"背后"都是活生生的具有独立意志的现实人。所以，数字孪生算法的活动应该始终坚持以人为本，服从现实人的意向性，秉持人类价值的最高性，真正使数字孪生算法的发展得到善的辩护，彰显伦理关怀。就如亚里士多德所言，每种技艺与研究，以及人的每种实践与选择，都以某种善为目的，因此，有人认为所有事物都应以善为目的。① 首先，作为数字孪生算法技术应用过程中产生相关道德影响的直接参与者，数字孪生算法设计者应该强化自身的社会责任感，减弱数字孪生算法技术给人类带来的不确定性，真正让数字孪生算法造福人类。其次，在数字孪生算法技术的发展过程中，应该优先考虑人类福祉，将人的生命权、人格尊严等人类福祉作为科技活动的底线价值，还要建立数字孪生算法发展的"防止损害原则"，即数字孪生算法的发展不能给人类带来负面影响，不能损害人类的利益。总而言之，数字孪生算法技术的发展要时刻彰显人的价值、人的精神。

2. 建立人与数字孪生算法的命运共同体

数字孪生算法的应用应该遵循人机结合的原则，建立人与数字孪生算法的命运共同体。一方面，要强调人的主观能动性，明确并巩固数字孪生算法使用者的主体地位。因为心智与道德的能力跟体力一样，只有运用才能得到增强。如果某项意见尚未为一个人的理性所信服就予以采纳，那么

---

① 参见［古希腊］亚里士多德《尼各马可伦理学》，廖申白译，商务印书馆 2003 年版，第3-4 页。

他的理性就非但不会因此有所增强，甚至还有可能被削弱。[①] 人的认知能力的增强源自不断的锻炼，减少人类的判断就意味着人的判断能力和认知能力会下降。因此，在数字孪生算法赋能的意义上，我们还应该推动人的自主能力的发展，人们不能完全依靠数字孪生算法来做出决策，更不能让数字孪生算法技术代替人。另一方面，要改变"数字孪生算法工具论"的错误认知，真正体会并内化人与数字孪生算法命运共同体的深刻含义，将"以人为绝对主体"的伦理认知转变到"人机命运共同体"的建构层面上。在构建人与数字孪生算法命运共同体的过程中，就人类而言，人类自身所具备的道德修养和个人修养发挥着至关重要的作用。就数字孪生算法而言，数字孪生算法的合理设计与应用可以提高生产和工作效率，逐步将人类从机械化和工具化的工作岗位中解放出来。因此，人类与数字孪生算法之间优势互补、相互促进，不仅是创造数字孪生算法的强大动力，还可以助力数字孪生算法朝着更强、更稳定的方向迭代与发展，进而在人与数字孪生算法之间建立彼此信任的和谐关系。总之，推动构建人与数字孪生算法的命运共同体，是解决数字孪生算法的伦理失范问题，是构建人与数字孪生算法的和谐关系的重要路径。

3. 构建数字孪生算法道德从善的道德形态

哲学家卡尔·雅斯贝斯（Karl Jaspers）指出，技术仅是一种手段，它本身并无善恶之分。一切取决于人从中造出什么，它为什么目的而服务于人，以及人将其置于什么条件之下。[②] 因此，数字孪生算法应该遵循一个基本的目的论预设，即数字孪生算法的发展必须为了"人和人类的利益"这个总体目标或总体善。数字孪生算法道德从善的道德形态不是某种具体的、现存的物，也不是一成不变、一蹴而就的终极形态。它是一种人工的建构，是一种通过一定的手段善而达成的总体善。所以，数字孪生算法道

---

① 参见［英］约翰·穆勒《论自由》，孟凡礼译，上海三联书店 2019 年版，第 64 页。
② 参见［德］卡尔·雅斯贝斯《历史的起源与目标》，魏楚雄、俞新天译，华夏出版社 1989 年版，第 142 页。

德从善的道德形态需要基于人类主体模式的道德来建构。在这个伦理尺度上，为通过有责任感的方式推进数字孪生道德算法的进化及其在机器中的嵌入，数字孪生算法就必须彰显或遵循人类主体模式下的"善法"。这就呼唤人类主体的道德责任的回归，并且呼吁人类通过一种有责任感的方式去迎接数字孪生算法社会的到来。

4. 强化数字孪生算法的道德责任的构建

约纳斯认为，并非只有当技术被恶意地滥用，即滥用于恶的意图时，才会产生不良的结果，即便当它被善意地用到它本来的和最合法的目的时，技术仍有其危险的、能够长期起决定作用的一面。[①] 所以，在数字孪生算法社会，数字孪生算法的道德责任构建至关重要。数字孪生算法责任是一种分布式道德责任（distributed moral responsibility），它涉及孪生数据收集、存储、处理和应用等诸多环节，关涉数字孪生算法生产者、使用者和管理者等多元主体。多个环节、多个主体共同构筑起一条数字孪生算法道德责任的"连环链"，这条道德责任"连环链"上的每个成员都应参与到数字孪生算法伦理问题的生成过程之中。所以，数字孪生算法道德责任所处理的是集体活动的应当性问题，我们无法将数字孪生算法的道德责任完全归于数字孪生算法技术本身，数字孪生算法毕竟是人类主导设计的产物。无论如何，机器人是机器，不是人，没有自由意志，也不可能做出自主的道德抉择，它可以形式地执行人的蕴含道德要求的指令，但它自己并不懂得任何道德意义。作为物的机器人并不明白什么是伦理问题，它不过是机械地执行人的预制性指令，根本就谈不上所谓机器人本身的伦理敏感性。[②] 我们也无法将其完全归于数字孪生算法的设计者和使用者。这就意味着我们必须超越传统的个体责任视野，建立一种"普遍连带"的新形式，即将无数个别行动者融入数字孪生算法道德责任的"连环链"之中，

---

① 参见［德］汉斯·约纳斯《技术、医学与伦理学——责任原理的实践》，张荣译，上海译文出版社 2008 年版，第 4 页。

② 参见甘绍平《自由伦理学》，贵州大学出版社 2020 年版，第 255-256 页。

以凸显技术伦理的集体责任意识。

具言之，强化数字孪生算法道德责任的构建需要做出三方面的努力。一是强化数字孪生算法责任主体的自我规制。数字孪生算法责任主体应该主动接受教育和培训，以明确职业规范和伦理职责，走出囿于个人利益的道德论证的局限性，判断数字孪生算法的伦理难题，进行数字孪生算法的伦理论证，找到解决数字孪生算法技术伦理难题的方法路径，从而不断提高自身进行道德论证和伦理应用的能力。二是推进行业内部制定数字孪生算法的技术标准。就数字孪生算法的专业性而言，数字孪生算法的技术标准涉及价值敏感，这就意味着数字孪生算法的技术标准应该着力体现数字孪生算法安全可控、可追溯，以及孪生数据可理解、数字孪生算法应用公平公正等价值要求。三是强化数字孪生算法技术的伦理监管。相关部门要研究制定数字孪生算法技术伦理风险清单，开展数字孪生算法技术活动全流程的伦理监管，完善数字孪生算法伦理审查机制。

5. 进行数字孪生算法伦理审查制度建设

总体而言，数字孪生算法伦理审查的实施需要做出三个方面的努力。一是要设置各种数字孪生算法伦理规范守则的框架式结构。在数字孪生算法伦理风险的治理过程中所形成的伦理规范可以为数字孪生算法"负责任"的发展提供伦理保障。二是要通过明文规定的形式将数字孪生算法伦理要求进行制度化的表达。伦理制度"把原本相对抽象的伦理要求、道德命令等具体化为群体成员所必须遵循的一系列可操作的道德规范"①。人们借助伦理制度的强制约束性可以提升公众遵守规则的执行力，以健全的伦理制度推行价值理念。这有助于进一步夯实伦理对数字孪生算法的影响，进一步彰显伦理制度的作用。人们应成立数字孪生算法的公开审查机构，进而完善数字孪生算法伦理的公开审查制度。具体来说，就是人们组建一个由政界、学界和商界的专业人士所组成的数字孪生算法的公开审查机

---

① 吕耀怀：《道德建设：从制度伦理、伦理制度到德性伦理》，载《学习与探索》2000年第1期，第63-69页。

构，通过政府主要领导人、学术界的科研工作者和商界精英的通力合作，做出数字孪生算法产品研发的前瞻性思考。三是要建构相对稳定可靠的数字孪生算法伦理结构。超越技术标准、法律条文等硬性规范的伦理守则，不仅可以有效规范数字孪生算法应用的行为道德，还可以进一步扩大数字孪生算法风险治理结构的弹性空间。也就是说，数字孪生算法伦理的软约束治理机制，可以从道德层面缓冲数字孪生算法伦理治理的强度，并可以对数字孪生算法可能存在的伦理风险进行前瞻性的思考。

第七章

数字孪生的孪生数据与伦理规制

孪生数据和模型是数字孪生系统的两个基本面，其中，孪生数据作为数字孪生系统的驱动，是实现数字孪生模型构建、物理实体与虚拟模型连接交互、智能服务运行优化等的重要基石。孪生数据在发展过程中不仅衍生出了新的特点，在应用过程中也引发了新的伦理问题，如身处监控中的人类、人类价值被稀释、孪生数据威权形成、人文关怀逐渐迷失等。面对这些伦理问题，我们应该努力构筑数字孪生空间的孪生数据伦理新秩序，包括：在法律层面，保障人类的合理性权利；在道德层面，加强人类自身伦理建构；在技术层面，合理规制孪生数据技术；在价值层面，加强人文主义价值培养。

数字孪生是指将物理模型作为参照物，并将其多元异构数据集成为多学科、多物理量和多尺度的孪生模型，以实现在信息空间精准映射物理实体的效果，具有精准映射、时空压缩、虚实交互和以虚控实等特征。数字孪生实现了物理世界和虚拟世界的相互呼应，这得益于孪生数据在现实世界和孪生空间的全域同步，真正地将物理世界和孪生空间"连接"起来。孪生数据是数字孪生系统的两个基本面之一，是整个数字孪生空间的驱动力，既是描述数字孪生空间全要素属性、状态和行为的技术工具，也是实现模拟仿真、智能干预的运行基础和判断依据。随着数字孪生的落地应用，孪生数据迅速成了社会活动的焦点和人类社会的驱动力，围绕孪生数据所展开的技术赋能也是未来智能社会发展的大趋势。但是，孪生数据在应用过程中引发了一系列伦理问题，如身处监控中的人类、人类价值被稀释、孪生数据威权形成、人文关怀逐渐迷失等。人与数据的关系一直以来都是数据伦理学的核心议题，人与数据的自由关系也是数据伦理的终极价值追求。我们将尝试探索构建人与孪生数据的和谐伦理关系，以助推人类与孪生数据和谐共生，促进人类文明进步。

一、集成式的数字孪生与孪生数据

数字孪生是一项实现数字化、智能化转型的集成式技术，其中的子技术——大数据技术发挥着重要作用。孪生数据是支撑整个数字孪生系统运行的基本要素，其也具备着鲜明的新需求与新特征：全面获取、深度挖掘、充分融合、迭代优化、通用普适。

（一）集成式的数字孪生

数字孪生是一个"系统"的技术框架，它提供了一整套概念、理论和方法的"技术范式"（technology paradigm）。具体而言，数字孪生集成了移动互联网、物联网、云计算、大数据、人工智能、算法、区块链等多项子技术，这些子技术能够引发信息技术革命下的多个子革命。近年来，数字孪生受到航空航天、车辆、船舶、智能电网、智能城市、教育等行业的极大关注，数字孪生的落地应用将有助于各项子技术助力传统产业数字化转型与智能化升级；特别是在智能制造领域，数字孪生的应用已经非常成熟，具体而言，数字孪生已被应用于车间智能管控、个性化产线快速配置、产品全生命周期管理、智能物流、动态调度、机器人运行优化、产品质量保障、数控设备维修及人机交互等问题中。尽管数字孪生的各项子技术分别服务于不同的功能与应用，但是支撑所有子技术实现的基本要素均是孪生数据，那么，保证高质量的孪生数据资源是实现数字孪生落地与应用的重中之重。

（二）孪生数据

数据是外部世界中关于客观事物的符号记录，包括文字、图像、视频等多种类型，其本身并没有特定时间、空间背景和意义，其存在也并不依赖于人类是否认知它。早期，数据一般是通过直接观察、随机采样、手动统计等传统的人工方式进行采集，这些传统的数据采集方式具有效率低、成本高的特点，而且所获得的数据类型单一、规模小、实时性差，仅仅能够描述物理实体在某一阶段或周期内的属性、能力、现象等。

迈入数字孪生时代，孪生数据主要通过分布式传感器、可穿戴设备、智能手机等先进手段和设备进行采集。孪生数据包括物理实体、虚拟模型、服务系统的相关数据，以及领域知识及其融合数据，并随着实时数据的产生而不断更新与优化。孪生数据是数字孪生运行的核心驱动。[①] 总体而言，孪生数据具备五大特征：一是全面获取。全面获取孪生数据的目的是提高数字孪生服务的准确性、对极端情况的适应性以及数字孪生系统决策的均衡性。这意味着孪生数据的采集进入了一个全方位、深层次的阶

[①] 参见陶飞、刘蔚然、刘检华《数字孪生及其应用探索》，载《计算机集成制造系统》2018年第1期，第1-18页。

段。二是深度挖掘。深度挖掘孪生数据的目的是提高对物理世界的洞察力。这需要对物理实体的运动规则、演化规律等知识进行提取与归纳，并在此基础上形成能够真实刻画物理实体行为属性的数字孪生多维虚拟模型。但是，孪生数据的深度挖掘也极易导致对个体进行数据画像，即建构关于个体的完整形象，从而有可能实现全方位、全程监控个体的效果。三是充分融合。充分融合孪生数据就是为了实现物理实体数据、虚拟模型数据、服务数据等的充分融合，通过数据的相互修正、补充及增强，保证信息的准确性、一致性及全面性，同时实体、虚拟模型、服务等不同组成部分也动态及时更新与及时响应。四是迭代优化。孪生数据是构建虚拟模型与服务的核心驱动之一，为了支持数字孪生虚拟模型自主进化与服务功能不断增强，要求实现基于"数据增加—数据融合—信息增加"循环的数据迭代优化。数据迭代优化能够随着数据增加而实现有价值信息的持续增长，从而使存在于数据之上的模型与服务不断地更新与进化。五是通用普适。为了保证孪生数据具有通用普适性，人们需要进行数据统一转换与建模。

二、数字孪生空间中孪生数据伦理的问题表征

孪生数据在很大程度上为人们的日常生活、公共服务和社会治理带来了便利。但与此同时，在数字孪生数据的应用过程中也潜伏着新型的伦理风险与危机，人类的渺小感、无助感、绝望感更为深刻，具体表现为：人类身处监控中、人类价值被稀释、孪生数据威权形成、人文关怀逐渐迷失等。

（一）身处监控中的人类

1787 年，英国哲学家边沁（Bentham）设想了圆形监狱（也称为"全景敞式监狱"），并被福柯作为传统监控社会的隐喻。随着计算机数据的

发展数据库越来越强大，帕克把这种监控称为"数据监控"。随后，美国学者马克·波斯特（Mark Poster）立足信息社会，基于福柯的全景监狱理论提出了超级全景监狱理论，他认为："今天的'传播环路'以及它们所产生的数据库，构成了一座'超级全景监狱'，一套没有围墙、窗子、塔楼和狱卒的监督系统。"① 进入数字孪生时代，随着数据演变为孪生数据，数据监控又发生了质的变化，其监控力量也更加强大。可以说，孪生数据监控已成为一种直接作用于人的新型控制方式。在孪生数据的监控之下，每个人都处于"被注视、被观察、被详细描述、被一种不间断的书写逐日地跟踪"② 的状态之中，具体表现为以下三个方面。

1. 隐私权利被侵犯

隐私是指"私人生活安宁不受他人非法干扰，私人信息秘密不受他人非法搜集、刺探和公开等"③，是人的尊严的核心地带，而尊严是人生而具有的一种内生性本质，不仅关涉着人与动物间的根本区别，也关涉着人之所以为人、人何以为人等这些人的根本性存在问题。所以，维护人的尊严、保护人的隐私早已成为伦理学研究中备受关注的领域，也是现代社会稳定发展的重要基石。迈入数字孪生时代，数字孪生已渗透进我们生活的方方面面，万物皆可数字化与孪生化。而构建数字孪生虚拟模型需要实时对物理实体对象进行特征提取和特征选择，以获得物理实体对象的各种参数信息，通过此种方式来达到模型状态和真实状态完全同步的效果。这就意味着对个体信息的采集变得更严密、更容易、更低成本和更高效能，人们摇身一变成了行走的肉身信息采集站。因此，我们越来越多的个人基本信息、日常言行、运动轨迹甚至欲望偏好，通过智能手机、传感器、可穿戴设备等智能设备不断地被采集、存储、分析和应用，人们面临着隐私被

---

① ［美］马克·波斯特：《信息方式：后结构主义与社会语境》，范静哗译，商务印书馆2000年版，第127页。

② ［法］米歇尔·福柯：《规训与惩罚：监狱的诞生（修订译本）》，刘北成、杨远婴译，上海三联书店2012年版，第215页。

③ 张新宝：《隐私权的法律保护》，群众出版社2004年版，第7页。

侵犯的困境，陷入了孪生数据的监控之中，也陷入了韩炳哲所称的透明状态——"人类的灵魂显然是需要这样的空间，在那里没有他者的目光，他可以自在存在。它身上有一种不可穿透性。完全的透明会灼伤它，引起某种精神上的倦怠。只有机器才是透明的"①。而那些拥有孪生数据资源、掌握孪生数据技术并从事孪生数据挖掘的个体、机构则好似瞭望塔上的监视者，严密监视着被分析对象的一举一动。毫不夸张地说，他们完全可以掌握被分析对象的全部信息，甚至可以拼接出个体的完整的生活图景。

2. 被遗忘权的剥夺

"被遗忘权"最初由学者维克托·迈尔-舍恩伯格（Viktor Mayer-Schönberger）所提出，他认为，我们要开始思考减少我们的数字足迹：不是通过戒掉互联网，而是通过塑造互联网及其服务，以使得数字信息能够真正在一段时间之后被渐渐遗忘，我们会乐观地号召所有人，要在大数据时代始终记得遗忘的美德。② 迈入数字孪生时代，人类的一言一行皆有可能被传感器、可穿戴设备、智能手机等实时记录，与此同时，在孪生数据的深度挖掘、搜索等技术之下，个体的碎片化数据被整理（organise）、被集聚（aggregation）并组合形成个体的一组数据画像，再以孪生数据的形式被永久地保存下来。于是，孪生数据的跟踪与凝视让人们的网络行为再也无处可逃，人们想要被遗忘也变得不可能，人们的被遗忘权利被无情地剥夺。同时，在这个被孪生数据"全面记忆、永久记忆"的时代，人类也极有可能因为这些孪生数据而被数据控制者利用甚至支配。控制个人过去的数据实质上意味着一种权力关系，因此，孪生数据不仅关乎记忆，更关乎权力。

3. 劳动伦理被侵蚀

迈入数字孪生时代，传统的经济生产、营销和服务被纳入数字运行体

---

① ［德］韩炳哲：《透明社会》，吴琼译，中信出版社 2019 年版，第 4 页。
② 参见［英］维克托·迈尔-舍恩伯格《删除：大数据取舍之道》，袁杰译，浙江人民出版社 2013 年版，第 6-8 页。

系，孪生数据成了一种重要的生产资料参与到生产力的创造之中，数字劳动因此成为当今社会劳动的新形态。虽然，数字劳动释放了大量的就业机会，激活了生产力和创造力，但也带来了隐性的劳动伦理侵蚀和权利支配的后果，人的工具化程度加剧。一方面，全面采集劳动人员在劳动过程中的数据，并对其劳动过程进行精细化计算，从而实现对劳动行为的精准预测，这种预测进一步地释放了劳动过程中的潜在压迫因子，由内而外地塑造、规制与引导着劳动者的行为。以外卖骑手为例，平台采集骑手接单、送货、取货整个流程的时间数据，并结合骑手的年龄和身高数据，精准预测骑手相应的步长和速度，以实现对骑手劳动行为的精准预测，并尽量缩短整个流程中步行所花费的时间。实质上，这已经完成了对劳动的总体吸纳。另一方面，通过数据挖掘、数据分析实现对劳动过程的精细化管理，这是对劳动者的一种高度控制，这种控制甚至会演变为对劳动者自身的约束与激励。总而言之，这些数字孪生时代中的劳动监控必将对劳动自由、能力平等等劳动伦理构成进一步的侵蚀。

（二）人类价值被稀释

自从智者学派代表人物普罗泰戈拉（Protagoras）提出"人是万物的尺度"这一命题以来，神、人、物的关系颠倒了过来，使人成了衡量存在的标准，启发了人们重视自身的价值。[①] 自此，人类开始追寻自身的价值。然而，在数字孪生时代，孪生数据逐渐代替人类做出判断和预测，衍生出了代理人类，出现了稀释人类价值的趋势。

1. 人类信息选择自由的丧失

在数字孪生时代，尽管人们享受着海量的信息，但孪生数据成了向人们推送信息的重要依据，人们无形中将自主选择信息的权利全部或部分地交给了孪生数据。马尔库塞曾说，"决定人类自由程度的决定性因素，不

---

① 参见张志伟《西方哲学史》，中国人民大学出版社 2010 年版，第 51 页。

是可供个人选择的范围，而是个人能够选择的是什么和实际选择的是什么"①。显而易见，在孪生数据面前，人类的自由意志早已成了笑料。人类自主判断和选择信息的能力在孪生数据面前已经派不上用场，甚至可以说连这种能力都可能丧失，人类正在自觉或不自觉地沦为数字技术的"奴隶"，越发依赖聪明的智能系统，而逐渐丧失作为创造、掌握和利用技术的主人的地位。② 韦伯（Weber）曾发出社会发展的"铁笼"的担忧，而当下，我们也应该深刻反思是否生活在"孪生数据的牢笼"之中，我们无穷可贵的信息选择的自由是否正面临着极大程度的损失。

2. 人类的未来充斥着被预测

众所周知，数字孪生不仅是一种对物理实体进行模拟和仿真并全方位、全要素、深层次地呈现实体的状态的数字模型，其还具备推演预测与分析的重要功能，对主体的行为具有惊人的预测力。具体而言，其能够充分利用全周期、全领域仿真技术并基于系统中全面互联互通的数据流、信息流以及所建立的高拟实性数字化模型对物理世界进行动态预测。我们在自觉与不自觉中持续不断地生产着数据，而生产出来的数据在数字孪生系统中形成的全面互联互通的孪生数据流，被不断地预测、分析。"随着机器把原始数据转化为信息、再把信息转化为知识的能力不断提升，留给人们创造价值的空间将会日益缩小，最终消失。"③ 尽管孪生数据对事物发展趋势与走向会逐渐地做出更精准、更完善的预测，为我们打造一个更安全、更可靠的社会，但这也是一个危险的趋向，因为它将严重地禁锢人类创造力的源泉——自由认识未来、创造未来的可能性。

---

① ［美］赫伯特·马尔库塞：《单向度的人——发达工业社会意识形态研究》，刘继译，上海译文出版社 2008 年版，第 8 页。

② 参见孙伟平《人工智能与人的"新异化"》，载《中国社会科学》2020 年第 12 期，第 119–137、202–203 页。

③ ［英］卡鲁姆·蔡斯：《人工智能革命：超级智能时代的人类命运》，张尧然译，机械工业出版社 2017 年版，第 53 页。

（三）孪生数据威权形成

平台数据权力是基于孪生数据和算法生成的，是一种具有社会控制能力的新型社会权力。可怕的是，在这种权力面前，个体几乎没有讨价还价的余地，在这看似并非强制的隐性强制权力下，人类的行为正受到切实的影响。

1. 孪生数据平台的垄断

因为孪生数据平台具有私人占有的属性，所以平台资本家掌控着人们实时生产的数据。利用各种手段，平台可以吸引用户入驻，并在用户"行为剩余"所生成的数据"养料"中发展壮大。根据"马太效应"，孪生数据平台和个体之间权力的不平等，会不断加剧孪生数据平台垄断的态势，导致数据资源较为贫瘠的中小型孪生数据资源平台在竞争中逐渐被逐出，而数字平台霸主的地位将会更加牢固。杰米·佩克（Jamie Peck）和瑞秋·菲利普斯（Rachel Phillips）认为，数据平台公司的这种垄断行为实质上是一种政治经济权力的行使与运作，并指出"垄断权力既不是通过直接所有权获得的，也不是通过直接拥有来维持的，就像镀金时代的垄断一样，是通过控制和操纵既有市场和新市场的能力而积累的"①。

2. 公权力的武器和工具

孪生数据与公权力"勾结"后也有可能成为公权力的武器和工具。在案例 7-1 所讲述的美国"剑桥分析"事件中，剑桥分析公司收集个体的数据并对个体进行全方位的数据分析，从而使得每一个个体都变成了一个个"赤裸的生命"，这是一种对生命极度简单化的管控，忽视了生命真实的存在。可见，孪生数据不必发号施令，但却能够形成一股"达到饱和、浸透个体的意识和肉体，处理、组织个体的总体生活的境界"② 的控制力量。"现实的人"沦为工具性的存在，技术理性对人进行压制，人自身失去了

---

① J. Peck, R. Phillips. "The Platform Conjuncture", *Sociologica*, 2020, 14（3）: 73-99.

② A. Negri, M. Hardt. *Empire*, Cambridge: Harvard University Press, 2000: 24.

对现代社会体制进行反抗的一面，成为"数字文明的奴隶"。[①] 随着数字孪生的深入发展，孪生数据权力集中的特质也愈发增强，数字威权和数据独裁成了数字孪生时代需要时刻警惕的力量。

案例 7-1

2018 年 3 月有媒体曾报道，美国一家数据分析公司在美国大选中通过收集、分析选民的数据信息，向选民有目的地推送信息，操纵、干预民意。选民以为自己投出了神圣且宝贵的一票，实质上自己的政治权力已被操纵，自由权力已被侵犯。

（四）人文关怀逐渐迷失

孪生数据通过呈现所谓的客观规律，规划、设计着社会。但是，在孪生数据所构筑的世界中，人性的温度却愈发降低，造成"人学空场"。

1. 威胁社会的公平正义

公平正义不仅是社会稳定有序的基础，更是社会主义所强调的核心价值，是制定各项社会制度和经济社会政策的首要原则。在数字孪生时代，精英阶层的人可以通过掌握和利用孪生数据最大限度地获取利益；然而，中下层的民众则一般很少能够控制和使用孪生数据，甚至无法接触到网络，这就会导致众多数字鸿沟中的边缘人群无法在信息世界中有效表达自己的观点、情绪、意见和利益诉求，从而极有可能进一步拉大旧有的社会分化，拉大不同阶层和区域公共服务供给的差异化程度，加剧"数字歧视"等社会公平正义问题，导致社会分裂的风险加剧。

2. 生命意义维度的排斥

不可否认，孪生数据可以精准"度量"人类的生活，帮助我们即时处理很多事情，大大地推动了物质社会的发展。但是，人的主体意向性、反抗能力、批判意识统统丧失，尊严、情感等一系列关乎人类生命意义的维

---

① 参见孙丽、孙大为《马尔库塞的"单向度人"》，载《广西社会科学》2008 年第 6 期，第 49-52 页。

度逐渐地被排斥，正如学者蓝江所言，"数字化的一切都是在一般数据基础上构建起来的体系。在此意义上，所有要素，都无一例外地被这个一般数据所中介，只有在一般数据的坐标系上，所有对象才能找到其特定的存在意义"①。鲜活的、有丰富情感的人类被抽象为简单的符号碎片，人对世界的感性认知也被替代为一堆理性的数据。

三、构筑数字孪生空间中孪生数据伦理的新秩序

面对孪生数据所引发的新伦理问题，我们应该构筑数字孪生空间中的数据伦理新秩序，具体而言，包括以下内容：在法律层面，保障人类的合理性权利；在道德层面，加强人类自身的伦理建构；在技术层面，合理规制孪生数据技术；在价值层面，加强人文主义价值培养。

（一）法律层面，保障人类的合理性权利

法律是规范社会秩序的强有力的手段。如果法律制度不够完善，会导致个体陷入隐私被侵犯、被滥用的困境之中。为了更好地保护人类的隐私，人们需要完善法律制度，通过法律政策保障有限的个体隐私权和被遗忘权。

保护隐私是对个体发展的保护，也是对个人基本权利的保护，关系到个体的身心健康。政府、数据平台、全社会都应该重新认识到隐私保护的重要性，重新认识和处理孪生数据监控和个人隐私之间的关系，以防止私人领域的彻底失守与消失。被遗忘权是调整网络用户与网络公司力量悬殊的重要砝码，它是为了消弭网络时代数据主体和数据控制者的不平等而设定的。② 被遗忘权是用户面对孪生数据被不合理使用、不被保护时的一种

---

① 蓝江：《一般数据、虚体、数字资本——数字资本主义的三重逻辑》，载《哲学研究》2018年第3期，第26-33页。
② 参见夏燕《"被遗忘权"之争——基于欧盟个人数据保护立法改革的考察》，载《北京理工大学学报（社会科学版）》2015年第2期，第129-135页。

兜底的退出机制。反过来，这也可以倒逼平台加强对孪生数据的保护，合理使用孪生数据。设置隐私权和被遗忘权不仅可以为人们在公共空间中进行物理活动提供"免于被追踪""被遗忘"的权利，还有助于减轻人们在孪生数据面前的焦虑感，是构建风清气正的孪生数据生态环境的必要之举。

保护隐私权和被遗忘权的最好的方法就是制定和完善法律规章制度建设，用制度和法律两大"硬手腕"对其进行防治。人们应通过法律法规规范孪生数据监控的边界，明确政府和数据平台对于个人信息获取、存储、处理和使用的责任和边界，处理好所有权归属、知识产权确权、数据共享、数字认证、信息交互、隐私保护、数据删除权等方面的问题，竭力避免个人的数据被滥用。不过，在数字孪生时代，由于数字孪生需要以全体社会成员的孪生数据作为其"养料"，我们无法实现刚性的隐私保护以及彻底的数据遗忘。因此，为了保证数字孪生的落地应用，避免因为数据保护、数据删除所导致的信息封闭，我们应该赋予个体有限的隐私权和被遗忘权。

(二) 道德层面，加强人类自身的伦理建构

第一，加强自身的伦理建构，重塑人的主体性。虽然孪生数据的精准性能够纠正人的经验判断的偏差，但我们仍需要加强警惕，不能因为被孪生数据所局限而对孪生数据亦步亦趋。人类应该能够进行积极的自我选择，自主地建构自身生活，做数字孪生时代的主人，有意识地在数字孪生时代"独善其身"，减少对孪生数据的依赖。如果人类每一次的认知都是基于孪生数据计算后的结果，没有了鲜活的人自己做出的价值判断和理性思考，甚至每一次的灵感闪现都被忽视，那么，可想而知，我们的认知范围将会越来越狭窄。而那些本需要用鲜活的人的感官、情感去体验、还原的事物，也会变成生硬的孪生数据的堆积，生命的色彩与温度将所剩无几。正如马兹比尔格（Madsbjerg）所言，"当我们只关注硬数据和自然科

学，企图把人类行为量化成最细小的单位（夸克）或部分时，我们其实是在削弱自身对所有无法如此分割、简化的知识的敏感度；我们就会失去书籍、音乐、艺术这些可以让我们从复杂的社会背景中认识自我的渠道"①。降低对孪生数据的依赖，并不意味着对孪生数据进行永久性的排斥，而是建立一种技术使用的平衡意识，即在人的自主性和技术的自主性之间建立一种平衡。平衡孪生数据给人带来的风险和压力是每一个现代人应尽的自我责任，正如福柯所阐释的"自我技术"意味着对自身的身体及灵魂、思想、行为、存在方式的操控，以此达成自我的转变，以求获得某种幸福、纯洁、智慧、完美或不朽的状态。② 因此，"人类最好把价值判断留给自己，这也是在保持一种人类对机器人的独立性乃至支配性。我们不能什么都依赖智能机器，把什么都'外包'给机器。如果说，我们最好不要让多数人在人工智能的领域内太依赖少数人，我们就更不要让全人类在智能、在精神和价值判断的领域里依赖机器"③。总之，在孪生数据的应用过程中，我们不能将对人的核心价值与能力的削弱作为代价，而应努力寻求经验与程式化、感性与精准之间的平衡。

第二，培育人的伦理意识，加强人的道德修养和道德约束。"当人们沉浸于'人人都是上帝'的喜悦之时，并没有想到人类正步入'失家园'的尴尬境地。失去'伦'的守护，无论'丛林镜像'如何炫目，世界都将因过度'原子化'而不免步入分崩离析之危机，人的'伦理能力'也由此步入涣散的境遇。"④ 此现象在孪生数据的应用过程中更加凸显。因此，我们要培育人的伦理意识，加强人的道德修养和道德约束。首先，要提高人

---

① ［丹］克里斯蒂安·马兹比尔格：《意会：算法时代的人文力量》，谢名一、姚述译，中信出版社 2020 年版，第 12 页。

② 参见［法］米歇尔·福柯《自我技术：福柯文选Ⅲ》，汪民安译，北京大学出版社 2015 年版，第 54 页。

③ 何怀宏：《人物、人际与人机关系——从伦理角度看人工智能》，载《探索与争鸣》2018 年第 7 期，第 27—34、142 页。

④ 卞桂平：《略论"伦理能力"：意涵、问题与培育》，载《河南师范大学学报（哲学社会科学版）》2016 年第 1 期，第 109—114 页。

的理性思维能力。理性思维能力是数字孪生时代保护自我的数据的重要思维模式，个人在日常生活中要正确对待个人的信息被利用这一事实，不能因其存在弊端而过于恐慌，妄求封锁个人数据。其次，加强自身技能。孪生数据具有多源异构性，如何辨别孪生数据的有效性，需要我们具备扎实和广域的孪生数据知识。因此，为了更好地保护个人数据，公众需要不断了解数据保护方面的内容，以加强自我保护的技能。最后，提升自身的道德修养。公众要提升自身的数据道德修养，坚定道德自律，合理准确地利用数据。

（三）技术层面，合理规制孪生数据技术

第一，厘定平台数据权力，限定技术的使用性边界。当前，各大互联网巨头们以"赢者通吃"之势在各行业中占据着极高的市场份额，我们根据其迅速增长的态势、巨大的市场价值以及高利润率可以得出结论：平台类似于垄断者，并且其权力还在不断地扩张。多数时候，用户在和各类平台的博弈中明显处于下风，平台通过过度索权、强制授权等方式能轻易迫使用户开启平台所要求的各种权限，更有甚者会强迫用户默认开通各种非必要的权限，此时，用户甚至都缺少知情权，更谈不上话语权。这不仅侵犯了用户的基本权利，也极易造成用户隐私泄露。为遏制这种以孪生数据和算法为基础的平台私权力，人们应当尽快厘定平台数据权力的具体边界，明确平台收集孪生数据的合理权限和清晰范围，从而防止其过度扩张和滥用。

第二，破除孪生数据垄断，回归技术的工具性本质。对孪生数据成为公权力的工具和数据垄断问题的分析并不是要批判、否定孪生数据及其发展，而是应该使孪生数据回归人的劳动工具的本质，从权力、资本的谋取手段转变为普惠的工具。

第三，从技术本身寻求解决之道。解铃还须系铃人，面对孪生数据所引发的伦理问题，我们还是应该回归到孪生数据本身，毕竟，应对技术产

生的问题，回归技术本身才是根本解决之道。同样，孪生数据所带来的隐私侵权、被遗忘权的剥夺、劳动伦理的侵蚀等问题，更应该从技术本身寻求解决之道。而区块链正是一项将隐私保护设计理念和个人信息自主权相结合的技术设计。万维网之父蒂姆·伯纳斯-李（Tim Berners-Lee）认为，区块链技术可以让个人牢牢地掌握对个人数据的控制权，以实现互联网价值的重归。他所开创的区块链项目——固体（solid）旨在帮助用户自由选择数据所在的位置以及允许谁访问数据，实现了个人数据与应用程序本身的分离。这种个人数据与应用程序之间的分离，使得用户可以避免服务商的锁定，可以在不丢失任何个人数据和社交关系的同时，实现应用程序和个人数据存储服务器之间的无缝切换。

（四）价值层面，加强人文主义价值培养

第一，回归人类整体价值，复原人的目的性。"确证人在这个世界上的地位和价值，以及生存和发展的根据和意义，是人的创造和发展的前提。"[①] 人们创造技术的终极目的是创造和提升人和社会的整体价值。因此，面对孪生数据稀释人类价值的挑战，我们要努力实现人的价值的整体回归，恢复人的主体地位，避免沦为技术的附庸，避免人的价值的泯灭。

第二，坚持以人为本的理念。大卫·休谟（David Hume）在《人性论》中提出："人的科学是其他科学的唯一牢固的基础。"[②] 因此，我们绝对不允许孪生数据的应用因为"人学空场"而迷失正确的航向，更不允许孪生数据的应用缺失人本主义并异化为对人的自由全面发展的障碍。孪生数据的发展、应用必须确立以人为本的价值取向，让鲜活的、具体的、复魅的人回归，让人学在场。

第三，培育积极的社会情感。我们应该努力将公平、正义的社会精神不断地融入个体情感之中，向那些被剥夺合法权益的个体或弱势群体提供

---

① 韩水法：《人工智能时代的人文主义》，载《中国社会科学》2019年第6期，第25-44页。
② ［英］大卫·休谟：《人性论》，贾广来译，安徽人民出版社2012年版，第3页。

有效的支持与帮助，更多地为人类福祉服务。在具体的治理过程中，人们应该严格遵循公正、公开和可反驳的原则，使个体有权对孪生数据进行辩驳，孪生数据的使用者和管理者有责任和义务接受公开听证和质询，并对数据所有权的拥有者即时释疑解惑和提供保障。

第四，强化人类的价值理性，培育人文科学精神。在孪生数据的应用过程中，"人的工具化""人的主体性"需求被忽视，"人是目的"被抹杀，工具理性持续高涨，人类行为的价值理性日渐式微。工具理性持续发展带给人类的直接结果是个体的巨大成功与财富的极大增长，但人类应有的价值观、同情心和敬畏感却逐渐丧失，人类离数字孪生发展的价值目标越来越远。在数字孪生发展过程中，导致工具理性和价值理性相背离的根本原因是人文主义与数据主义之间的割裂。"数据主义认为，宇宙是由数据组成的，任何现象或实体的价值就在于对数据处理的贡献"，"数据主义将人类体验等同于数据模式"①。而人文主义者肯定人类的价值，重视人类自身的生命和尊严，关注人类命运和人类的生存状况，认为不是宇宙为人类生活带来意义，而是人赋予了宇宙存在的意义。② 为缓冲这一背离状态，在孪生数据的发展过程中，人们需要平衡人文主义与数据主义，将人文主义与数据主义有机地结合起来。为此，我们要培育技术研发者的人文科学精神，引导其将"人的主体性"需求置于科研的首要地位，从而超越工具理性、强化人的价值理性，真正让孪生数据造福人类，促进人的自由全面发展，实现人类的彻底解放。

---

① ［以］尤瓦尔·赫拉利：《未来简史：从智人到智神》，林俊宏译，中信出版社2017年版，第352页。

② 参见闫坤如《数据主义的哲学反思》，载《马克思主义与现实》2021年第4期，第188—193页。

第三部分

数字孪生的应用伦理及规制

第八章

数字孪生人的认知弥补与伦理规制

基于数字孪生技术，拥有"去物质化"身体的数字孪生人逐渐受到关注，并构建出全新的后人类审思场域。一方面，数字孪生人弥补了人认知自我的主观、感知和时空的局限，从而极大地增强了人认知自我的能力；另一方面，数字孪生人也带来了一些诸如实时且放大的隐私伤害、数据控制与透明化社会、量化与单一的数据人类、数字鸿沟问题日益严峻之类的伦理隐忧。对于数字孪生人所带来的伦理隐忧，我们需要有一定的超前意识，从对个体隐私的保护与让渡、对数据控制的批判与反抗、在数据化中坚守生命本质、弥合日益严峻的数字鸿沟四个方面进行必要的伦理规制，以使数字孪生技术和数字孪生人更好地向善发展。

　　随着新兴技术对人类身体的改造、延伸与增强，人类身体的存在范式逐渐发生改变。不难发现，美国后人类主义理论家 N. 凯瑟琳·海勒（N. Katherine Hayles）所预言的"未来必定是一个人类与其他生命形式（包括生物的和人工制造的）共存的世界"[①] 已经悄然变成了现实，不管我们接受与否，我们早已迈入了"后人类"时代的大门。当前，基于数字孪生技术，人类除了作为一种物质实体存在外，又化身出一种新的由数据浸润的、脱离生物基础的数字孪生人。这是"后人类"中的一种新的生命形态，它的出现意味着人类正以数据化身形式向赛博空间整体迁徙。数字孪生人作为现实人在赛博空间的镜像、映射与孪生，极大地"弥补"了人类认知自我的能力，但同时又带来了一系列的伦理隐忧。我们尝试在后人类视域中对数字孪生人的认知弥补与伦理规制进行一种新的伦理审思。

一、后人类中的新生命形式

　　数字孪生人已经不仅仅是一种技术介入下人的生存新样态，还在本质上成了一种后人类中新的生命形式。这一新的生命形式具有数据浸润性，信息化的身体，与现实人实时交互和同生共长，以及"相似版"的现实人这四个重要特征。

（一）数字孪生人：新的生命形式

　　20 世纪 80 年代以后，在美国数学家诺伯特·维纳（Norbert Wiener）的控制论思想的深刻影响下，人及其所生存的世界都处于一种不断被信息化的过程之中。与此同时，信息成了一个审视与建构人、社会和自然的新路径和新视角，人类成了本质上类似于智能处理机器的信息处理实体。正如海勒所言，"在控制论影响下，当以一种新的方式重新审视和反思当代

---

　　① N. Ketherine Hayles. *How We Became Posthuman: Virtual Bodies in Cybernetics, Literature, and Information*, Chicago: The University of Chicago Press, 1999: 291.

社会时，信息便不再是传播的工具及内容，相反地，信息作为一个整体从其沉浸其中的物质形式中分离出来，被重新概念化，成了一种理解人类及人类社会的模式"①。由此，通过技术对人的"身体自然"实施本质主义操作②的后人类主义思潮开始兴起。例如，汉斯·莫拉维克（Hans Moravec）在著作《心智儿童：机器人与人工智能的未来》中所谈及的"人居于电脑的金属体内"的方案设想，诺伯特·维纳所指出的直接向人类或人体发送电报的理论可能性。可见，当前的文化相信信息能够在不同材料的基质之间循环，而且自身不会发生改变。数字孪生人正是后人类主义思潮中利用数字孪生技术延伸人的"身体自然"的一种尝试。

数字孪生，是指将物理模型作为参照物，并将其多元异构数据集成为多学科、多物理量和多尺度的孪生模型，以实现在信息空间精准映射物理模型，具有精准映射、时空压缩、虚实交互和以虚控实等特征。随着泛互联网、大数据、新一代人工智能、云计算等技术的迅猛发展，数字孪生技术框架得以成熟。基于数字孪生这一技术路线而构建的整个人的数字孪生体这一新的生命形式逐渐受到关注。实质上，所构建的数字孪生人就是现实的人这一物理实体的数字模型在虚拟环境中的精准复制和映射。那么，数字孪生正是充当了现实人和数字孪生人之间的技术媒介，创生数字孪生人的同时也是人的自我创生。就如技术哲学家恩斯特·卡普（Ernst Kapp）所说的："在工具与器官之间所呈现的那种内在的关系，以及一种将要被揭示和强调的关系——尽管较之于有意识的发明而言，它更多的是一种无意识的发现——就是人通过工具不断地创造自己。"③ 值得注意的是，这一创生自我的过程遵循数字孪生技术的实现特征，数字孪生人的组织、器

① N. Ketherine Hayles. *How We Became Posthuman*：*Virtual Bodies in Cybernetics*，*Literature*，*and Information*，Chicago：The University of Chicago Press，1999：2.

② 参见李河《从"代理"到"替代"的技术与正在"过时"的人类？》，载《中国社会科学》2020年第10期，第116—140、207页。

③ ［美］卡尔·米切姆：《技术哲学概论》，殷登详、曹南燕译，天津科学技术出版社1999年版，第6页。

官、肢体乃至整个身体都以数字孪生的方式实现对现实人的血肉和骨骼的状态、规则、结构和行为等的延伸，每个现实的人和相应的数字孪生人同步发生变化。具体而言，数字孪生人通过传感器、可穿戴设备、智能手机等工具获取现实人的组织、器官、肢体乃至整个身体的信息，信息从现实人的身体流向数字孪生人，借助这些信息，现实人可以被洞察。同时，数字孪生人也可以通过算法层对信息进行分析、预测，并生成反馈以调节现实人的身体。这样，信息便实现了在以碳元素为基础的现实人和以硅元素为基础的数字化仿真模型之间的流动。

（二）数字孪生人的特征

首先，对于数据"浸润"下的数字孪生人来说，孪生数据是数字孪生的驱动。[①] 数字孪生人的建构得益于数字孪生技术对现实人的结构、层次与本质的实时的、动态的数据成像。成素梅教授指出，信息化、网络化、数字化和智能化技术的发展使得数据成了人类认识世界的新界面。[②] 在这个意义上，孪生数据不仅是人类认识世界的一种新路径，还是人类认识自身的一种新指引。

其次，数字孪生人的身体是"去物质性"的信息化身体。海勒笔下后人类观点的第一要义是（信息化的）数据形式的重要性大于（物质性的）事实例证。值得注意的是，在孪生世界中，数字孪生体的去物质化的属性并不是指它摆脱了物质的本源，而是它以数据、信息、图形等方式表征了物质实体所传达出来的原始本质。[③] 数字孪生人不是由细胞所构成的生命的物质化身体，而是一个对现实人这一物质实体进行多维度、多方位和多

---

① 参见陶飞、刘蔚然、张萌等《数字孪生五维模型及十大领域应用》，载《计算机集成制造系统》2019 年第 1 期，第 1-18 页。

② 参见成素梅《建立"关于人类未来的伦理学"》，载《哲学动态》2022 年第 1 期，第 46-49 页。

③ 参见徐瑞萍、吴选红《低成本认识世界的技术实现：数字孪生的认识论探讨》，载《学术研究》2022 年第 7 期，第 29-35 页。

功能的精准孪生与动态呈现的信息化实体。此时，信息也就脱离了曾经以其为栖息地的物质形态。

再次，数字孪生人与现实人实时交互、同生共长，能够动态地精准映射复杂的现实个体。从本质上讲，数字孪生人就是现实人的动态的、可视化的数字化映射模型。数字孪生人通过实时接收来自现实人的多元异构数据而实时演化，从而与现实人保持一致、同生共长。也就是说，数字孪生人实现了从对人的"片面状态"的映射向人的全方面、多层次与立体化的状态的精准、实时、动态的映射的转变，完成了从对虚拟人的非"完满的充实的状态"向孪生人的"完满的充实状态"的转变。① 数字孪生人与现实人之间所呈现精准映射的关系，使得人类向海勒所说的"物质-信息混合物"的后人类主体更加接近了一步。

最后，数字孪生人是现实人的"相似版"。人是现实世界中极端复杂的复杂巨系统的事实，注定了其数据信息的获取存在着一定的困难，并且，人类自身的认识能力也存在着现实局限性。这必定会造成实际获取的孪生数据相较于理想状态有一定程度的"减损"。因此，数字孪生人和现实人并不是完全的重合关系，数字孪生人只是与现实人不完全相同的"相似版"。我们必须接受数字孪生人只是"部分地""近似地"反映了现实人的"部分属性"这一事实。

二、数字孪生人弥补人自我认知的局限

数字孪生人作为人的各个方面的镜像、映射与孪生，当然可以说它能够充当人类向内认知自我的一面"镜子"。基于数字孪生人的客观性数据化身体、精准映射、时空压缩等特征，当人类置身于其数字孪生人中之时，可以充分弥补人向内认知自我时所固有的主观、感知和时空局限。可

———————————
① 参见刁宏宇、吴选红《孪生人的人学价值：数字孪生与人的延伸》，载《佛山科学技术学院学报（社会科学版）》2022年第3期，第65—73页。

以说，数字孪生以其自身的技术特征与优势达成了一种"认知弥补"。

（一）弥补人认知自我的主观局限

法国知名精神分析学家雅克·拉康（Jacques Lacan）的镜像阶段理论阐释了自我认知实现的过程，即自身主体性的认同以及他者对于自我认同的重要作用：自我的构建既离不开自身也离不开他者。按照拉康的观点，一个完整的镜像生成过程需要有作为主体的"我"以及作为他者的镜像。这种"成为他者"的美好神话则会推动认知主体沉浸于完美自我的幻象中而迷失自己的本真状态。主观错觉导致人们认知自我的活动存在很大的局限，这种局限的"樊笼"限制了人们完全认知自我的可能性。但是，当数字孪生人以客观的数据来表征人并充分赋予人以客观性之后，人此前那种认知自我的主观局限性将得到极大的弥补。因为，数字孪生人的动态数据为人类"解读"自身提供了一种客观的、理性的认知框架，此时的人能够非常直观地看见自己的客观存在状态，并能以旁观者的视角展开自我认知工作。自我与镜像我实现技术上的统一，主观与旁观的双重认知视角的叠加能助力我们超越自我认知中的主观描述和判断的局限，促成我们以更加客观的视野实现对自我的认知。

（二）弥补人认知自我的感知局限

按照美国当代著名技术哲学家和现象学家唐·伊德（Don Ihde）的观点，人与技术的关系分为四种，即具身关系（embodiment relations）、解释关系（hermeneutic relations）、背景关系（background relations）和他者关系（alterity relations）。[①] 其中，最核心的是具身关系。实际上，当人化身为数字孪生人之后，人的身体机能状况是传感器、可穿戴设备等终端设施通过与现实人身体不同部位互嵌而获取的。此时，人与传感器等设施之间实质

---

① 参见杨庆峰《翱翔的信天翁：唐·伊德技术现象学研究》，中国社会科学出版社 2015 年版，第 23 页。

上已经构成了唐·伊德所言的人与技术的具身关系，传感器等成了一种具身技术或"电子器官"，它们不再被当成引发人类关注的现实客体，作为人类身体器官的延伸，它们变成了人类借以感知世界的工具。这样，数字孪生人就能够以非常直观的方式动态，及时地向我们反馈现实人的身体的"知觉-运动"系统此刻状态的数据、规则、结构和行为，助力我们超越自身的感知以量化、精准的数据来认知自身的身体机能状况，这意味着人类身体知觉的范畴得到极大的拓展。因此，数字孪生人充分弥补了人的感知局限，扩充了人的感知能力。

（三）弥补人认知自我的时空局限

数字孪生人除了能够弥补人类认知自我的主观局限和感知局限外，我们还能发现其所具有的更重要的认知价值，那就是，它能够弥补我们认知自我的时空局限。众所周知，如果我们从一个静止的、单一的、无时间的角度进行认知，往往难以完成对具有流变性、杂多性与时间性的人之本质的推定。但是，数字孪生人能做到将其所分析的关于人的测量数值存储为历史数据，并由数字孪生进一步处理以更新或增加其知识和能力，从而为人们的决策提供可靠的预测。[①] 随着时间的流逝，与物理空间中的现实人相重叠的数字孪生人将越来越多地保存着现实人的历史数据。此外，这一技术手段还能够早期洞察并提前预测人的身体机能运作状况。可以看出，数字孪生人能构建出现实人的历史、现在和未来的一条完整的发展脉络。当数字孪生人这个时间之"镜"中的相对完整的历史图景与时间线全部向自我展开时，它便能完美地助力现实人审视过去自我的优缺、预测未来的发展，人类便就此挣脱时间的牢笼，更加透彻地"认识自身"。与此同时，数字孪生人也具有助力人超越空间局限而认识自我的优势。数字孪生人与现实人之间在时空上呈现对等的关系，人能够从固有的具身在场的方式中

---

① Barbara Rita Barricelli, Elena Casiraghi, Jessica Gliozzo, et al. "Human Digital Twin for Fitness Management", *IEEE Access*, 2020, 8（1）：1-28.

获得分身在场这一新的在场能力，从而实现远距离现身。当处于更为广阔的空间场景中的数字孪生人向我们展开的时候，它能助力我们从更为广阔的空间视角去认识自身。

三、数字孪生人的伦理隐忧

虽然数字孪生人能够极大地弥补人类认知自我的主观、感知和时空的局限，极大地增强人类认知自我的能力。但数字孪生人也会带来实时且放大的隐私伤害、数据控制与透明化社会、量化与单一的数据人类、数字鸿沟问题日益严峻等伦理隐忧。

（一）实时且放大的隐私伤害

从古至今，人类需要隐匿于私的东西一直是存在于其身体的组成部分。但是反观数字孪生人，当人化身为数字孪生人之后，人的身体状态、一切行为都变成透明的、可被监视与预测的数据，这些简单的数据与符号无疑为隐私保护带来了巨大的风险与压力。其根本原因就是隐私与身体相分离后，真实肉身不过是"一种被变动不居的模式控制弄得消极顺从的客体"[①]。

首先，数字孪生人和现实人保持实时连接，这意味着数字孪生人可以持续不断地以实时数据来映射现实人的状态，获取现实人的行为信息、通信内容、位置信息、交易信息等，并持续生成现实人的身体数据、健康报表、社交数据等。尤其是与现实世界高度同步化的个人资产、行为、生活模式等的记录都可能导致产生"数据透明人"的危机。海勒把信息理解为"没有具体形状的流（fluid），可以在不同的基质（载体）之间流通传递，

---

　　① ［英］克里斯·希林：《文化、技术与社会中的身体》，李康译，北京大学出版社 2011 年版，第 6 页。

而信息的意义和本质都不会丢失"①。从本质上看,数字孪生人这一拥有巨大信息量的实体正在推动隐私数据发生从私人领域向公共领域的反向流动。在这种反向流动中,人的人格尊严、情感都会受到巨大的伤害。一方面,这种利用传感器、可穿戴设备、智能手机等智能设备来实时性、持续性收集数据的行为会让现实人在潜移默化中产生"被控制"的感觉。另一方面,身体隐私在被加速地收集、存储、分析,而作为数据提供者的现实人面对这一切的发生是后知后觉的,等我们意识到身体隐私被侵犯之时,新一轮的隐私侵犯又已经开始。

其次,数字孪生体不需要数据专家,便可以自动执行数据分析、融合,深度挖掘孪生数据的价值。这意味着数字孪生人在获取现实人数据的基础上,还会以高度特定和自适应的方式来分析、解读身体隐私数据。通过自相似的组件合成新的隐私数据,身体隐私会进一步被放大。如果数字孪生人对身体隐私数据进行更多、更复杂的组合,那么就会"揭露"现实人的更丰富的精神层面的隐私。这种持续把个人的隐私数据进行重新组装以产生和创建隐私程序集的行为,实际上就是"数据双倍"或"数据加倍"现象。

(二) 数据控制与透明化社会

数字孪生人作为后人类身体文化图景中的一种,极易引发我们对于后人类身体和身份意义的焦虑心理。众所周知,我们的存在决定于可被识别的身份,然而当人化身为数字孪生人之后,所有的生物性个体都变成让-吕克·南希(Jean-Luc Nancy)所说的"可识别的或可确认的身份"②。那么,正确意义上的身份证件和档案便不再是公民身份被识别的唯一且重要"资本",人的各种表征数据将成为更重要的要素。这意味着只有当我是数字

---

① N. Ketherine Hayles. *How We Became Posthuman: Virtual Bodies in Cybernetics, Literature, and Information*, Chicago: The University of Chicago Press, 1999: 4.

② Jean-Luc Nancy. *Identity*, trans. François Raffoul. New York: Fordham University Press, 2015: 35.

孪生人的数据时，我才是我，我才获得成为生命体的资格。就如科林·库普曼（Colin Koopman）所言："今天，我们的数据就是我们之所是的一部分。我们的名字或许不会镌刻进我们的血肉，但我们却被数据化的身份所文身，我们通常在这样的数字身份下承担我们的人格。"① 试想，我们在计算机上一看数字孪生人，便能轻而易举地获知现实人的名字、职业、身体各项体征数据、行为习惯、生活轨迹等所有情况。反之，如果你失去了你的孪生数据，就面临被社会"驱逐"的风险。失去信息流的人如同没有灵魂的肉身，会成为孪生世界中没有身份码的隐性人，世界失去了他的信息，他也失去了他的一切身份。可以说，数字孪生人这一新生命形式形成后的一种后人类生命政治，构成了一张巨大的数据控制"网络"，当我们化身为数字孪生人时，我们已然成了那个隶属于一个更庞大的体系的数据化的身份。与此同时，整个社会也变得透明化，这样的话，人们显然就进入了法国著名后现代主义哲学家福柯所言的"监控社会"中的一种日常生活。"数字化全景监狱的特殊性首先在于，居民们通过自我展示和自我揭露，参与到它们的建造和运营之中。他们在全景市场上展示自己。"②

（三）量化与单一的数据人类

在信息科技大繁荣的现代科学场域之下，由孪生数据取代人类沉重的肉身，组建出存在于孪生空间中的现实人的身体镜像，该身体镜像在人工的孪生空间中体现为一种与现实身体同样的真实。当包括人类的心理、情绪在内的方方面面都将面临被量化的境遇时，人类就会逐渐沦为一种工具性的存在，这会产生对人类的目的和价值的消解，进而陷入伦理学视域下的"数据主义"困境，导致信息和数据至上。然而，"一旦权力从人类手中交给算法，人文主义议题可能就惨遭淘汰。只要我们放弃了以人为中心

---

① Colin Koopman. *How We Become Our Data*: *a Genealogy of the Informational Person*, Chicago: The University of Chicago Press, 2019: 30.

② ［德］韩炳哲:《透明社会》，吴琼译，中信出版社 2018 年版，第 79 页。

的世界观,而秉持以数据为中心的世界观,人类的健康和幸福看来也就不再那么重要"①。人类本应拥有的丰富体验、主观感受和福祉等一切事物都将被忽视,甚至人类的身体这一"物质"实体也可能"摇身一变"降格为一堆可供随意拆解拼接和复制粘贴的数字化元件(如人脸、指纹、声音等)。实质上,正是在这种数据化过程中,人已降格成了被剥离一切社会关系和政治身份,仅仅保留了身体的生物性特征及其行动轨迹的可精准量化的对象,也已成为无差异化的、单一的可被计算的数字。以医学手术为例,医生可以在孪生空间中算法系统的支撑下对数字孪生人进行多次反复的手术模拟,那极有可能导致医生在现实世界中对现实人进行真实的手术时,在他们眼里,手术只是手术,人也只是可被精准测算的数据结构体,从而完全忽视了手术所应有的人文关怀,忽视了病人的痛苦与无奈。

(四) 数字鸿沟问题日益严峻

数字鸿沟最初起源于 20 世纪 90 年代互联网商业化发展。就其实质而言,数字鸿沟的本质就是数字技术大规模地落地应用并越来越深地嵌入社会内部与当前社会缺乏完善的技术伦理和伦理规制之间的张力。而当数字孪生技术在孪生世界中创生出一个作为人的镜像、映射与孪生的数字孪生人之后,数字鸿沟便不再只关涉整个人类社会的公平正义,还关涉人类自身的安身立命问题,这时每个人的"生命机会"都将逐渐变得相去甚远。例如,数字孪生人可以增强人类认知自身的身体机能运作状况的能力,富人就可以利用这种绝对性的优势来改善身体健康状况,甚至延长生命或实现"数字永生",但这是穷人所无法企及的。正所谓"机器作为'强者'统治'弱者'的工具,以绝对的优势加固了人类不同群体之间的数字鸿

---

① [以色列] 尤瓦尔·赫拉利:《未来简史:从智人到智神》,林俊宏译,中信出版社 2017 年版,第 356-357 页。

沟，加剧了人类生存的'马太效应'"①。久而久之，原本的"生物性不平等"将逐渐被更加显著的"符号性不平等"所替代。无法化身为数字孪生人的那部分群体除了会被阻拦在数字孪生技术进步红利的围墙之外，也会被阻隔在哈贝马斯所讲的"沟通共同体"之外。这就是说，他们会因为在数字世界中经历"缺席"的状态而造成在现实世界群体中的孤独和失语，也因此彻底丧失了与其他人产生联结的机会。未来数字孪生技术加速演化后，这部分人群很可能会沦为绝对的技术化赤贫群体，从而面临生活濒危和社会化消亡的真正危机。

综上所述，我们不难看出数字孪生技术为人类在一定程度上提供了人性化的科技系统，但同时也使弱势群体变得更加弱势。正如玛丽·雪莱（Mary Shelley）在《弗兰肯斯坦》中所隐喻的那样，"科学怪人"以超乎常人的能力救助大众，展现出了科学技术富有温情的一面；但是他也有可能发展成为一个社会秩序的破坏者。

四、数字孪生人的伦理规制

上述有关数字孪生人的伦理隐忧不仅是个体层面的问题，也是数字时代社会层面的问题。当实时且放大的隐私伤害、数据控制与透明化社会、量化与单一的数据人类、数字鸿沟问题日益严峻等一系列问题接连出现时，最终会影响到整个社会的运行和个人的生活。针对这些问题，我们需要有一定的超前意识和必要的伦理规制，以使数字孪生技术和数字孪生人更好地向善发展。

（一）对个体隐私的保护与让渡

不难承认，构建数字孪生人的最大挑战就是隐私保护，因为我们的身

---

① 徐瑞萍、吴选红、刁生富：《从冲突到和谐：智能新文化环境中人机关系的伦理重构》，载《自然辩证法通讯》2021年第4期，第16-26页。

体、行为等一切都会变成被智能机器入侵、访问的对象，身联网（internet of body）已然成为现实。人类的先民早已认识到某些纯属于私人的、不宜示人的事物——隐私之存在,[①] 其具有维护个人自由、人格、尊严的重要内在价值。诚如有的学者所言，隐私就是自我与自由的边界，其本性在于其对自我的捍卫。[②] 所以，隐私保护的话题一直在被如火如荼地讨论着。面对数字孪生人所带来的隐私伤害，这一话题再度被热议，无论是科技至上主义者的"隐私已死"的观念，还是自由至上主义者的"捍卫隐私"的决绝，都不是我们面对数字孪生人的隐私保护时所应有的态度。更可取的态度应该是在数字孪生人的建构和隐私保护之间寻求适度的平衡，做好对数字孪生人隐私的合理规制。为此，我们需要从观念、制度和技术三个方面做出努力。

首先，强化公众自愿"牺牲"部分隐私的意识。数字孪生时代，隐私被"触及"的目的从绝对的外在控制变成了携有安全和便利服务的控制，甚至换来的是生命权、健康权等更为重要的价值。要知道，在政治哲学的层面上，隐私权和生命权的政治价值都由现代性所创造并获其正面认定的，但前者在政治哲学层级中的符号性–话语性地位远远不及后者。在现代政治哲学中，最底层的逻辑应该是保护全人类的生命安全。所以，面对建构数字孪生人所带来的隐私"触碰"风险，应该反复思考的是我们是否愿意为更高的政治价值而牺牲部分隐私，以及牺牲多少隐私。

其次，构筑"坚守底线+同意让渡"的社会隐私制度。一方面，要坚守社会的底线隐私。人之所以成为真正意义上的个人、人何以成为真正意义上的个人，正是因为他拥有一部分自己的"私物"，而且这些"私物"直接关涉着人的尊严这一生而具有的内生性本质的存在。因此，人的隐私不能被完全剥夺，社会必须保障最基本的隐私以及基本的人权。另一方

---

① 参见张新宝《隐私权的法律保护》，群众出版社 2004 年版，第 2 页。
② 参见王金柱、张旭《关于"隐私"本质的活动论探析》，载《哲学分析》2021 年第 6 期，第 113–124、192–193 页。

面，人应该拥有个人隐私自由，个人愿意用多少隐私来"支撑"自身的数字孪生人的建构应该是自由的。所以，网络平台运营商、技术研发人员等在使用个人的数据信息时必须获得用户本人"同意让渡"的许可。

最后，建立道德化的数字孪生技术框架。在数字孪生的伦理规制中，要把外在进路与内在进路有机结合，使之发挥协同效应。传统的技术伦理学研究的外在进路（externalist approch）则是指站在技术活动之外对技术后果进行伦理反思和批判，而由荷兰技术哲学家伊博·范·德·普尔（Ibo van de Poel）等人提出的技术伦理学的内在进路（internalist approach）则指出："应当超越工程伦理学中流行的外在主义观察，从而致力于技术发展的一种更加内在主义的经验性观察，考察设计过程本身的动态性并探讨该语境下产生的伦理问题。"① 根据技术伦理学研究的内在进路，我们可以建立道德化的数字孪生技术框架。人的隐私数据化的过程是基于预先设定的价值并实现该价值预设的过程。那么，此过程中凡是与之相冲突的价值都会被自然地消解，我们的隐私生活也会因此遭受严重的破坏。不过，如果反过来思考，我们可以将数字孪生技术的原有价值进行重新设定，并在其中融入全新的、符合社会期望的价值观，这样一来，我们就非常有可能改变隐私数据化的道德后果。目前，人们可以通过两种途径来重置数字孪生技术的道德因素：一是道德算法化，即重新确认数字孪生技术架构的价值基础，这意味着我们要基于道德来编制作为数字孪生技术基底的算法；二是道德技术化，即我们可以创造出专门服务于一定目的的数字孪生技术。

（二）对数据控制的批判与反抗

面对数据身份的建立和透明化的社会演变，我们必须回归身体，诉求于自由自觉行动的个体。正如大卫·哈维（David Harvey）所指出的："我

---

① Ibo van de Poel, Peter-Paul Verbeek. "Ethics and Engineering Design", *Science Technology and Human Values*, 2006, 31（3）：223-236.

们若不能同时准备好在心理和身体上改变我们自己，就无法奢谈社会变迁。"① 对此，我们需要从以下三个方面进行努力。

首先，以身体的自然性和经验性对抗抽象统治。数字孪生人的建立意味着我们进入了生命政治的治理装置之中，其实质就是身体被抽象化而变成被统计和可计算的对象，这会移除或简化身体的差异性和鲜活性。正如英国社会学家克里斯·希林（Chris Shilling）所言，人类在文明化的过程中使身体不断被"社会化、理性化、个性化"，身体的自然性在社会机制的管控下逐渐隐退，"更多的身体维度和身体功能被界定为生物性和自然性的生命领域的对立面"②。因此，回归身体的自然性和经验性可以有力地对抗抽象统治。

其次，唤醒身体内在的反抗意识。建立数据身份后，数字孪生的中枢计算机系统通过各种数据传感器持续监测并控制着现实人类社会。这种控制的实质就是我们被卷进了其中的算法和控制系统。面对这种境况，首要任务就是唤醒身体内在的反抗意识。

最后，促成身体权力的实现。身体权力意味着每一个独立的主体都拥有自由支配自己的身体并进行自主活动的权力。在阶级社会，被统治阶级需要从统治阶级那里争夺自己"被占有、支配与使用"的身体。进入技术社会后，技术演变为"统治阶级"并不断地奴役、支配着我们的身体。而当人类化身为数字孪生人时，身体比过去任何时候都更加受到大数据和超级平台的权力施压。身体政治的核心目的就是避免为我论的身体变成为他论的身体。③ 因此，促成人类的身体权力的实现就是以对抗身体的被规训与被压迫为目的，彻底让身体从他者的奴役与支配中获得解放，实现每个主体独立、自主与自由的发展。

① ［英］大卫·哈维：《资本的空间》，王志弘、王玥民译，群学出版社 2010 年版，第 292 页。
② ［英］克里斯·希林：《身体与社会理论》，李康译，北京大学出版社 2010 年版，第 156 页。
③ 参见葛红兵、宋耕《身体政治》，上海三联书店 2005 年版，第 124 页。

（三）在数据化中坚守生命本质

构建和谐的"现实-孪生"伦理关系的首要前提是明确现实人和数字孪生人之间的关系界限。其中，较为和谐的选择就是我们既能够明确数字孪生技术精准映射范围的局限性从而坚守生命的本质属性，又不抗拒数字孪生技术对我们人类个体的精准映射，这就需要我们明确自身的哪些部分是可以交由数字孪生技术来精准映射的。毕竟，一方面，数字孪生技术虽然拥有强大的复制与替代能力，但是无论数字孪生人对现实人的精准映射程度多么高，它始终无法代替现实人的动态的生命本质。另一方面，人的一切并不完全都应该由数据映射，仍然有一些人的本质属性，无法变成数据，也不应该成为数据。①

在数字孪生时代，构成"现实-孪生"伦理关系不和谐甚至冲突的原因，正是人们无法坚守现实与数字孪生之间的关系界限，或义无反顾地坚守科学至上的观念甚至陷入对数据技术的无限崇拜。这就是说，"人类误以为他们自己是一种技术增强的存在，而且把他们自己当作生活在控制论系统里的潜在的数字化信息量子，而没有当作生活在历史中并参加一种高度开发的系统里的具体存在"②。又或者，人们一味地排斥技术对自身的"改造"，极力地抵抗被数据化，认为数字孪生人会将我们降格成一堆外在的数据、符号。

在数字孪生时代，"现实-孪生"之间应该实现一种基于融合与协同的共生关系。我们在技术崇拜和技术排斥之间也应该保持一种适度的平衡。毕竟，技术的正面价值和负面价值本就是相对而言的，二者在一定的条件下可以相互转化。因此，我们就应该在一个动态的伦理层面上去考察数字

---

① 参见彭兰《"数据化生存"：被量化、外化的人与人生》，载《苏州大学学报（哲学社会科学版）》2022年第2期，第154-163页。

② Mervyn F. Bendle. "Teleportation, Cyborgs and the Posthuman Ideology", *Social Semiotics*, 2002, 12（1）: 45-62.

孪生技术应用的价值与定位。但无论如何，人类一定要坚守自身的生命本质，情感、道德等具有温情的、高尚的存在是我们最不应该迷失的。就如美国政治学者弗朗西斯·福山（Francis Fukuyama）所言，"人类存在的最重要意义，完全不是由于物质性设计。而正是人类所独有的全部情感，让人产生了生存意义、目标、方向、渴望、需求、欲望、恐惧、厌恶等意识，因此，这些才是人类价值的来源"①。

（四）弥合更加严峻的数字鸿沟

为了弥补数字孪生人所带来的更加严峻的数字鸿沟问题，构建平等、公正与相互依存的人类社会以拥抱更为有序的社会秩序，我们认为主要有三方面的应对策略。

首先，通过数字孪生技术"补缺"以促进其服务可及化。这种补偿式的弥合方式是弥补数字孪生技术所带来的鸿沟问题的最直接的解决方式。具体而言，一是要开展家庭内部的反哺教育。玛格丽特·米德（Margaret Mead）将人类社会文化的发展划分为前喻文化、并喻文化、后喻文化三种类型，提出了未来年轻一代的文化反哺作用。② 在助力老年群体跨越"技术沟"的过程中，需要年轻人开展家庭内部的数字反哺教育，以帮助老年人更好地理解数字孪生技术。二是要不断地优化数字孪生技术，通过数字孪生技术的完善来更好地发挥其服务弱势群体的功能。

其次，设立基于平等和正义价值原则的算法技术伦理设计。无论是对抗技术社会对人的自由的削弱和压迫，还是保护个人的权利免受伤害以实现所有人的向上发展，都需要一种基于人类的核心价值原则的技术伦理设计。正如美国哲学教授特雷尔·沃德·拜纳姆（Terrell Ward Bynum）对维

---

① ［美］弗朗西斯·福山：《我们的后人类未来：生物技术革命的后果》，黄立志译，广西师范大学出版社 2017 年版，第 169 页。

② 参见 ［美］玛格丽特·米德《文化与承诺——一项有关代沟问题的研究》，周晓虹、周怡译，河北人民出版社 1987 年版，第 7-8 页。

纳观点的概括："维纳认为，从根本上看，人是社会的人，即使他们拥有幸福生活，也必须生活在有组织的社会之中。但社会可能是非常压抑的，并可能会扼杀人类的蓬勃发展，而不是鼓励或支持它。因此，社会必须有道德政策、正义原则以保护个人摆脱压迫并且使自由和机会最大化。"① 作为数字孪生技术运行的基底的算法是一种独立于人而又嵌入着人类意志的非价值中立的存在。因此，我们务必要基于平等、正义的价值原则编写代码和算法以规范数字孪生人的发展，这在避免数字弱势群体的权益被忽视的问题上具有一定的预防功能。

最后，重塑更具公共性和包容性的数字孪生技术底层逻辑。"技术补丁"和"服务补丁"对于弥合数字孪生人所带来的鸿沟问题尤为重要，它既是数字孪生技术的再发展，也是公共服务的再设计。但即便如此，试图仅仅通过"技术补丁"和"服务补丁"来单向地跨越这道鸿沟还是远远不够的，跨越这道鸿沟需要我们对其进行更为深层的逻辑分析。从表面上来看，数字孪生人所带来的鸿沟问题是源自人类对于数字孪生技术的"悬殊化"利用；但是从底层逻辑来看，作为技术主导性逻辑的商业性逻辑是导致这一鸿沟问题产生的根本因素。因此，应对数字孪生人所带来的鸿沟问题的根本解决之道应该是重塑数字孪生技术的底层逻辑，以包括科学逻辑、社会逻辑和政治逻辑在内的底层逻辑取代单一的商业性逻辑主导的底层逻辑。

---

① ［荷］尤瑞恩·范登·霍文、［澳］约翰·维克特：《信息技术与道德哲学》，赵迎欢、宋吉鑫、张勤译，科学出版社 2014 年版，第 14 页。

第九章

数字孪生工程的独特价值与伦理反思

　　数字孪生工程是一项系统工程，不仅关乎新兴技术的应用，也关乎社会、人文、伦理等方面的问题。冷静客观地用系统的观点审视数字孪生工程的独特价值、当前存在的问题并进行人文和伦理反思，是促进数字孪生工程可持续发展并使其持续造福人类社会的一项十分重要的工作。数字孪生工程具有预测与优化实体工程、进行低成本试错验证、实时监控工程实体的运行状况、减少系统性危机以维持有序结构的独特价值，但是，面向复杂巨系统的数字孪生工程建设存在困难，数字孪生工程的决策对强计算主义具有依赖性，数字孪生工程实施过程中将引发人文价值忧患，数字孪生工程存在伦理风险。复杂巨系统的数字孪生工程必须以整体论为指导，实施数字孪生工程要重视发挥人的主观能动性，重视数字孪生工程的人文价值并加强其伦理治理，这些方法是解决以上问题的有效路径。

当前，数字孪生已成为世界各国技术研究和工程建设的热门领域。在国际上，与数字孪生工程实施相关的各种基础理论、应用技术、最终产品越来越完备，其发展呈现出突飞猛进的态势。美国 ANSYS 公司实施了数字孪生泵工程；法国达索系统公司推进了"生命心脏"项目，实施了数字孪生心脏工程；日本公开了"东京都 3D 视觉化实证项目"，实施了覆盖西新宿区域、涩谷·六本木区域的数字孪生城市工程。我国众多行业也正在如火如荼地开展数字孪生工程建设。雄安新区数字孪生城市工程是我国首个数字孪生城市工程项目，目前，雄安新区所构建的全国首个城市智能基础设施平台体系——"一中心四平台"已基本建成；腾讯自动驾驶数字孪生仿真平台入选国家"十四五"重点研发计划；我国水利部印发了《"十四五"期间推进智慧水利建设实施方案》，大藤峡数字孪生工程日前已启动建设，数字孪生三峡工程、数字孪生丹江口工程、数字孪生黄河工程等数字孪生水利工程已制定出建设规划。可见，数字孪生工程作为一类新型工程，正在迎来建设热潮。数字孪生工程是一项系统工程，不仅关乎新兴技术的应用，也关乎哲学、人文、伦理方面的问题。立足当下，着眼未来，冷静客观地用系统的观点审视数字孪生工程的独特价值、当前存在的问题并寻找解决问题的可行路径，对于促进数字孪生工程可持续发展并使其能够持续造福人类社会，具有十分重要的价值。

一、数字孪生工程的独特之处

（一）数字孪生工程的由来

理念是行动的先导。数字孪生工程是随着近年来热度不断攀升的概念——"数字孪生"的诞生而逐渐开展的。2003 年，美国密歇根大学迈克尔·格里夫斯教授在一次全生命周期管理课程中首次提出"镜像空间模型"这一概念；之后，NASA 的约翰·维克斯（John Vickers）将其命名为

"数字孪生"。各国学者对数字孪生的探讨十分热烈，虽然对其定义尚未形成统一共识，但对于其囊括物理实体、虚拟模型、数据、连接、服务等多个核心要素[①]达成了一致意见。

工程是人类有目的、有计划、有组织地以项目管理的方式开展的规模化的建造或改造的实践活动。自 20 世纪 90 年代以来，计算机、网络、虚拟现实等现代信息技术的大范围应用引发了人类实践方式的更新：虚拟实践作为一种新的实践形式开始登上历史舞台。数字孪生工程就是赛博空间中的一项具有空前虚拟性的实践活动，给人类现实的实践活动带来了巨大冲击。综合而言，数字孪生工程是人类有目的、有计划、有组织地按照项目管理方式，利用数字孪生技术在数字空间建造数字孪生体以实现对物理实体及其建设、运行管理活动的全息智慧化模拟的虚拟实践活动和过程的总和。

（二）数字孪生工程的独特之处

数字孪生工程作为一种新型的实践形式，具有其自身的独特之处：其一，数字孪生工程的工程结果是在数字空间建设一个由数字转换而成的数字孪生体，并呈现在视屏上。数字孪生体是存在于数字空间的集对象、模型和数据于一体的多学科、多物理、多尺度、多概率的动态虚拟模型。多物理建模是提高数字孪生体拟实化程度、更好地发挥作用的重要技术手段。[②] 其二，数字孪生工程以数字孪生技术为中介手段。数字孪生技术是一项人类用以解构、描述、认识物理世界的新兴信息技术框架，涵盖大数据、云计算、人工智能、算法、物联网、5G、VR/AR 等多项新兴技术。其三，利用数据和信息实现数字孪生体与物理实体在工程的全生命周期内

---

① 参见陶飞、张贺、戚庆林等《数字孪生十问：分析与思考》，载《计算机集成制造系统》2020 年第 1 期，第 1-17 页。

② 参见庄存波、刘检华、熊辉等《产品数字孪生体的内涵、体系结构及其发展趋势》，载《计算机集成制造系统》2017 年第 4 期，第 753-768 页。

保持实时连接、动态交互、虚实闭环。数字孪生工程充分利用物理模型、互联网、传感器等技术采集物理实体的全生命周期的运行历史等数据建设数字孪生体，在物理实体的运行过程中，通过传感器不断进行虚实数据交换，并基于数据修正模型，始终保持对物理实体在几何、物理、行为、规则等方面的精确描述，并且二者在数据、信息方面形成闭环。其四，数字孪生工程的全生命周期内具有统一的数据源。数字孪生工程的包括设计、建设、运行、管理等在内的整个生命周期都有统一的数据源以实现数据共享，可以避免数据孤岛的问题。否则，工程体系容易进入封闭状态，而且，工程若朝向熵增的方向演化，工程体系的稳定性将会降低，从而干扰工程师分析工程的各阶段以致引发工程问题。

二、数字孪生工程的价值分析

工程是一种追求价值的活动。工程的价值体现在公正地满足人们的合理需要。数字孪生工程的本质就是服务，通过对特定领域中的系统进行优化，满足系统某一方面的功能需要，如成本、效率、故障检测与监控、可靠运维等。立足于赛博空间而发展的数字孪生工程作为当前先进的直接生产力，充分利用数字孪生技术将人们从烦琐、重复、危险的劳动中解放出来，蕴含着使人类身心获得解放、拥有更多的闲暇时间实现自身全面发展的重要价值。

（一）数字孪生工程的核心价值是预测与优化实体工程

数字孪生最初被用于飞机的故障检测，后来其应用领域逐渐拓展至制造业、城市、水利、航空航天、医疗等方面。在其发展过程中，数字孪生工程对于辅助人类进行物理实体的故障预测和决策优化方面始终起着至关重要的作用：通过建造高保真度的数字孪生体，在对工程实体的演化过程进行预测的基础上实现不同场景、目标、约束条件下的决策与管控优化。

实现数字孪生工程的预测价值的核心要素在于数字孪生系统的运行数据，即数字孪生工程采用了有别于单一依靠机理模型的传统建模方式，结合实时数据建立复杂系统模型并以数据驱动模型的更新；预测的基础在于数据挖掘后所形成的系统信息与知识。"聪慧"的数字孪生体具备了人类所独有的思维、判断和预测能力，可谓只需"一个可以完成任务操作的机器"便可以真正实现让人类从繁重的智力劳动中解放出来。

面向大型设备和基础设施的数字孪生工程尤其能够体现预测故障和维护设备的价值。面向大型设备和基础设施的数字孪生工程通过在数字空间建造大型设备和基础设施的数字孪生体，根据动态实时数据快速捕捉故障并实现故障原因精准定位查找，与此同时，还能够评估设备状态以进行预测维修。数字孪生工程的引入，彻底改变了之前由于实时数据缺乏以及飞机、船舶等大型设备结构异常复杂且内部各组成部分之间关联紧密而导致的此类大型设备和基础设施的故障检测和健康管理工作非常棘手的状况。在数字孪生城市工程中，城市的数字孪生体可以在由城市各个层面布设的物联网传感器所采集到的物理城市的实时数据、虚拟城市的仿真数据的双重驱动下，实现自身的发展和优化，从而为城市交通流量的评估预测、人类活动空间预测、城市内不同区域内人口移动的流量预测等提供智慧服务。我国首个水利行业数字孪生工程——数字孪生大藤峡工程将具备"四预"功能，即在大藤峡工程防洪、航运、发电、水资源配置、灌溉五大功能的基础上，开展预报、预警、预演、预案研究与应用。

总而言之，数字孪生工程能通过打造一个数字孪生体实现对物理实体的数字化模拟。数字孪生体在精确映射物理实体的同时，可实现对物理实体的未来发展趋势的预测，并能够提前干预物理世界的运行，以避免物理世界的人类遭受灾害，这达到了人脑所难以企及的高效率和精准性，前所未有地提高了人类的认知能力。一个进一步解放人类、进一步提升人类生命和生活质量、进一步提高社会生产和社会治理效率的美好世界，在数字孪生工程的助推下变为现实。

（二）数字孪生工程的重要价值是进行低成本试错验证

创新能力是当今国际竞争力的重要衡量因素之一。一个国家不仅要具有创新能力的竞争优势，还要具有创新效率的竞争优势，即能否更高效率、更低成本、更快速度地推出市场需要的产品。

创新是一个不断试错的过程，数字孪生工程被认为是低成本试错的一种重要实践形式。数字孪生工程能够实现低成本、短时间、高效率地将产品推向市场：数字空间中的数字孪生体实时地和物理实体进行数据交互，并支持对应地建立发挥设计辅助作用的产品设计知识数据库。同时，如果遇到复杂的物理模型解析问题，它可以通过分析孪生数据来实现设计难度的降低。由于数字孪生体与物理实体精准映射、同步进化，所以对二者进行误差比对可以发现设计和实际系统之间的误差，从而帮助快速验证系统原型设计。的确，数字孪生工程极大地减少了能源和物质的消耗，转而用数字的消耗来代替，能更高效率、更低成本、更快速度地实现产品的精益化生产和创新。例如，美国通用电气公司与 ANSYS 公司所实施的数字孪生工程旨在让每个引擎等机械零部件都拥有一个数字"双胞胎"。这些数字"双胞胎"在数字世界通过机器人调试、实验和优化运行状态等模拟来挑选出适用的最优方案，从而极大地减少在物理世界进行维修和调试所带来的物质消耗。

（三）数字孪生工程能够实时监控工程实体的运行状况

数字孪生工程以建造具有高保真度、多物理量、多尺度映射特性的数字孪生体为工程结果，数字空间的数字孪生体可以和物理空间的工程实体进行实时映射，其通过实时数据的传输可以远程监控工程实体的工作运行状况，实现对工程实体的可视化监控。所以，数字孪生工程在工程实体的监控管理领域也具备巨大的应用潜力。

"工业 4.0"等重要战略举措提出之后，全球范围内的制造业呈现出以工业机器人来代替工人完成高危险、高精度、高重复的工作的发展趋势。在数字孪生制造工程中，人们通过在数字空间建立工业机器人的数字孪生体，可以实现物理实体与数字孪生体的实时映射；通过实时数据的传输，可远程监控工业机器人的工作状态，实现对机器人透明、可视化的监控。数字孪生城市工程可以实时监控城市的每个角落和空间单元，一旦监控到闲置或者陈旧的空间，就可以利用"城市中枢"将它们按照个人和企业的需求精准共享，从而极大地提高城市空间的利用率和产出率，同时也能创造出城市的数字经济价值。

（四）数字孪生工程能减少系统性危机以维持有序结构

按照系统科学中系统的自发熵增规律，一旦系统内各要素间的协调产生障碍或者环境对于系统的不可输入性达到一定程度，系统便很难围绕目标进行控制，并会出现内部紊乱、有序性减弱、无序性增加甚至功能衰退的状况。复杂巨系统的熵增一旦超过其自身的承载能力，就可能导致系统崩溃的后果。

控制熵增效应，使得系统中的诸要素能够有序、稳定地运行就是解决系统崩溃的关键。数字孪生工程可以通过对工程实体的监视、监测，及时地进行人工干预，抑制复杂系统中的熵增效应，维持系统的有序结构。例如，矿井是一个耗散结构，在矿井开采的过程中，人工巷道的掘进会使得系统逐渐从稳定状态变为失稳状态，瓦斯将不再赋存于煤岩。为了制止瓦斯爆炸事故的发生，当矿井进入深度开采或者矿井系统的复杂性逐步加深时，相关人员应当强化对矿井瓦斯的监控和监测，以便及时对其进行人工干预（引入负熵流），从而降低瓦斯浓度，维持系统的有序结构。数字孪生矿井工程通过建立瓦斯事故数字孪生模型，可以使物理实体与数字孪生体实时进行数据交换以保持同步的工作状态，使矿井的安全管理者通过对虚拟实体的监测来了解矿井实体的工作状况，进而实现对瓦斯事故的事前预防与快速响应，最终降低煤矿事故的发生率。

三、数字孪生工程的问题表征

数字孪生工程作为一种新的系统性的虚拟实践活动，对人类在数字时代的解放发挥了重要作用。但是，我们也应该看到，数字孪生工程的实施也存在着社会、技术、人文和伦理等方面的诸多问题。这些问题在一定程度上制约了数字孪生工程价值的实现和作用的发挥，容易使数字孪生工程发展走向片面，因此需要采用系统思维来权衡和协同。

（一）面向复杂巨系统的数字孪生工程建设存在困难

当前的数字孪生工程更多地面向工业领域的信息物理系统（cyber-physical systems，CPS）以及相对简单的基础设施系统。但是，实际的复杂巨系统是包含信息空间、物理空间和社会空间的社会信息物理系统（cyber-physical-social systems，CPSS）[1]，具有不可准确预测、难以拆分还原、无法重复实验的问题。[2] 由于社会系统的组成要素（人）具有意识作用，导致系统要素之间的关系不仅非常复杂，还具有极大的不确定性，是迄今为止最复杂的系统。

首先，就复杂巨系统实际运行状态的数字化表征而言，其需要比三维实体空间更为复杂的"流、场、网"等系统。但是，当前的数字孪生工程进行顶层设计时仅仅对实体工程进行了类似模型分割的简单化处理，没有跳出还原论的视角。例如，当前的数字孪生工程所呈现的通常仍然只是工程实体的物理形态和一些极度简化的系统的运行状态和模拟推演。其次，就复杂巨系统的工程管理而言，由于复杂巨系统具有成倍放大的随机性、

---

① Wang F. Y. "The Emergence of Intelligent Enterprises: from CPS to CPSS", *IEEE Intelligent Systems*, 2010, 25（4）: 85-88.

② Yang L. Y., Chen S. Y., Wang X., et al. "Digital Twins and Parallel Systems: State of the Art, Comparison and Prospect", *Acta Automatica Sinica*, 2019, 45（11）: 2001-2031.

涌现性，应该谨防执着于一刀切、一元化管理。但是，当前的数字孪生工程执着于在"一因一果"的因果关系预设下进行干预。以数字孪生城市工程为例，其在城市的数字孪生体中利用算法线性，机械切分地对城市问题进行治理。最后，就复杂巨系统的复杂性、系统性而言，当前的数字孪生工程建设采用"竖井式"建设思维，局限于实体工程的某一部分或某一阶段，导致难以反映实体工程的系统全貌和真实状态、难以形成生态系统、难以沉淀有全景价值的数据、难以形成工程实体的海量数据资源。

（二）数字孪生工程的决策对强计算主义具有依赖性

随着计算机技术、人工智能、数字孪生的开拓发展，以毕达哥拉斯的"万物皆数"、莱布尼茨的"一切思维都可以看作符号的形式操作"以及图灵（Turing）的人机判据为典型代表的强计算主义思想得到复兴。

强计算主义的核心思想是包括人类心灵意识在内的一切皆可计算，人的一切行为都是可以通过算法程序获得的。数字孪生工程将我们带到一个理性至上、效率至上的社会，效率和质量成了唯一的评价标准。在数字孪生教育工程的开展之下，人们通过计算便可知悉受教育者的知识掌握情况、能力高低、情感态度、价值观倾向，受教育者不再是自然的人，而成了情感缺失、人性缺失的机器般的存在。[①]数字孪生医疗工程利用个人的电子表征来动态反映人类身体的分子状况、生理状况和生活方式，从而对我们的身体进行一定的量化评价。

由此可知，在强计算主义基础之上开展的数字孪生工程仅仅关注数据计算和符号处理，然而这种单方面依靠理性知识和技术能力的数字孪生工程会压制人的体验、意识和主观能动性。技术作为工具，既可以增强人的

---

① Erich Fromn. *The Revolution of Hope：Towards a Humanised Technology*，New York：Harper & Row，1968：38.

力量，也可以强化人的软弱性。现阶段，人也许比以前更无力支配他的设备。① 数字孪生工程的实施正导致逐步削弱人类的自我意志与个性、人类独立行使和支配自身权责的意识的风险。

（三）数字孪生工程实施过程中将引发人文价值忧患

以数字孪生技术为中介手段的数字孪生工程正如火如荼地开展，人类的理性化程度空前高涨。我们也该意识到，人类的情感、意志、价值等内在生活世界正逐渐被忽视。长此以往，最终留给人类的将只是一个冷冰冰的数字世界，因而，关于人文价值的忧患不是凭空产生的。

第一，人的本质被异化。"人是什么"的问题是人文价值中最基本的问题。当前数字孪生工程就引发了"人是什么"这一最基本的问题。例如，数字孪生工程以建造能思维、能判断的数字孪生体为工程结果，这让人类对于"人是能思维、有理性的动物的主张"变得不再坚定。数字孪生脑（DTB）是人类大脑的克隆体，科学家不仅能够利用它来整合各类生物脑研究结果，还能够解释脑原理、启发类脑智能、解锁一切和脑有关的疾病。数字孪生脑更是将"人是什么"这一问题凸显了出来。当此前专属于人类且最能体现人是万物之灵的智力活动能够利用数字孪生技术被模拟或制造出来，成为数字孪生技术的产物时，"人的本质"问题就面临着前所未有的挑战，所以，摆在我们面前的最本质的问题就是当人的部分功能成为技术化的产物，并且这种技术化的成分越来越多时，人的本性是否会丧失？

第二，人的尊严受到挑战。数字孪生工程以海量的数据为驱动力，大数据在获取、存储和分析海量的个人信息数据时，若不能很好地保护这些数据，人类将面临隐私"裸奔"的风险，人的尊严也将受到严重挑战。

---

① 参见［美］赫伯特·马尔库塞《单向度的人：发达工业社会意识形态研究》，张峰、吕世平译，重庆出版社1988年版，第199页。

第三，人的体力和智力存在退化的隐患。数字孪生工程在解放人类的体力和智力的同时也存在导致人类的体力和智力退化的隐患。例如，数字孪生司法工程可做到实时监测司法综合态势、司法行政、刑事执行、公共法律服务等，并可在应急指挥、分析研判、展示汇报等场景中被广泛应用，有助于使司法工作人员从繁重的工作中解放出来。但与此同时，当数字孪生体替代人类完成了复杂的体力和智力劳动，人的独立思考能力、批判性思维能力、创造性思维能力将逐步弱化。

四、数字孪生工程的问题应对

数字孪生工程既有独特的价值，又有明显的问题。人们要用系统的观点看数字孪生工程，就要科学权衡和平衡技术、社会、人文和伦理诸方面的关系，以整体论为指导，高度重视其人文价值，进行必要的伦理治理，以有效解决其当前存在的问题，充分发挥其在数字社会建设中的独特价值。

（一）复杂巨系统的数字孪生工程须以整体论为指导

面向复杂巨系统的数字孪生工程应该以复杂系统论的规划建设理念为指导，这势必要否定机械还原的条块化、功能分区的做法。

首先，实现数字孪生体与人的意图的融合，以引导复杂巨系统。直接在数字化系统中模拟人脑对复杂巨系统的认知、判断和推理能力是当前技术水平所不能及的。因此，人们可利用以 VR、AR 为代表的数字技术的连接能力将人与数字孪生体交互连接，以发挥二者的优势共同处理问题。例如，对于城市的数字孪生体和人的交互连接，人们可以让包含政府、企业、公众在内的城市主体都参与到城市运行的决策中，使人的智慧和机器智能协同优化城市的构成和运行。

其次，注意获取复杂巨系统的全面的、开放的数据信息。获取系统要素、功能、状态等的数据是控制系统的重要前提，① 同时，数据也是驱动数字孪生工程运行的核心。因此，通过收集复杂巨系统的全过程、全系统、全方位的数据才能深化、细化对局部的了解，同时从整体上驱动数字孪生工程的建设。而在这个过程中，所收集数据的丰富度、有效度和准确度是十分重要的。

再次，摆脱孤立的线性思维方式。面向复杂巨系统的数字孪生工程的底层数据具有复杂性、流通性、整体性和共享性，这就决定了对此类工程的管理应该摆脱孤立、线性的思维方式，建立涵盖经验思维、理性思维、聚合思维、分散思维的整体思维网络。经验思维和理性思维的相辅相成可以使得相关关系研究与因果关系研究、本质规律研究并重。聚合思维和发散思维的有机结合可以提供思维的多种路径，以得到多种可能的结果，同时能够对多种结果进行严谨的逻辑论证，以便在众多方案中做出最优选择。

最后，面向复杂巨系统的数字孪生工程的管理应该尊重多样化需求。在信息化、知识经济时代，个体更容易表达自我，社会个体的多样性由此可得到极大的释放，从而使得复杂巨系统的时间、空间具有多样性。因此，对于复杂巨系统的管理，应避免一元化、一刀切的线性管理方式，转而实现多样化、个性化、差异化的管理，真正做到具体问题具体分析。

（二）实施数字孪生工程要重视发挥人的主观能动性

数字时代著名思想家尼古拉·尼葛洛庞帝（Nicholas Negroponte）曾说：我们既无法否定数字化时代的存在，也无法阻止数字化时代的前进，就如我们无法对抗大自然的力量一样。② 数字孪生工程作为一种新型的实践类型，是人类在数字化时代价值实现的一种重要方式。但是，我们必须清醒地认识到，实施基于强计算主义的数字孪生工程，人所独有的无法被技术化的主观能动性以及人类的思想、行为、决策由自我进行控制，仍然

---

① 参见许国志《系统科学》，上海科技教育出版社 2000 年版，第 27 页。
② 参见［美］尼古拉·尼葛洛庞帝《数字化生存》，胡泳、范海燕译，电子工业出版社 2017 年版，第 229 页。

是非常重要的。康德（Kant）曾认为，在作为物自体的自由意志的本体界里，科学技术必须被悬置以给自由意志留下发展空间。① 人若不能成为数字孪生工程的主导者和控制者，就会被逐渐强大的数字孪生工程所控制。就自然力量而言，人在动物界并无绝对优势，但也正是这种弱点构成了人的力量的基础，是人发展自己独特的人类特性的大前提。② 我们相信人类是不会愿意放弃自身的主观能动性的，毕竟人类永远不会满足于自然界业已赋予其的自然秉性，人类想要获得解放，成为世界的"主人"。就如舍恩伯格所说：大数据提供的不是最终答案，只是参考答案。③ 人类——世界的"主人"，要在数字孪生技术所提供的参考答案的基础上，充分发挥自身的主观能动性，以寻求最佳答案。

（三）不能忽视数字孪生工程中的人文价值因素考量

数字孪生工程只是人类理性的一种实践活动，人类借其实现认识世界、改造世界和创造世界的目的。除技术之外，人文也是我们理解世界、把握世界的一种重要方式。数字孪生工程应该做到与人文价值紧密相连，使人文价值也成为工程发展的一个必不可少的维度，从而最终实现工程与人文的交融。在数字孪生工程开展中所产生的人文价值的负面效应，究其实质，无不是因为工程与人文的背离。因此，面对数字孪生工程的人文价值忧患，首先，我们要告别理想主义的期盼。工程在发展过程中出现人文价值忧患是正常现象。如果想要建设数字孪生工程，那么我们就必须面对人文价值忧患，否则这就只会是一种理想主义的期待。其次，我们要积极乐观地认识到数字孪生工程带给人类的人文效益和正面价值远远超过其给人类带来的负面价值，更要积极乐观地设想我们可以有能力解决数字孪生工程所带来的负面问

---

① 参见［德］康德《纯粹理性批判》，邓晓芒译，人民出版社2004年版，第18页。
② 参见［美］亚伯拉罕·马斯洛《人的潜能和价值：人本主义心理学译文集》，林方译，华夏出版社1987年版，第104页。
③ 参见［英］维克托·迈尔-舍恩伯格、［英］肯尼斯·库克耶《大数据时代》，盛杨燕、周涛译，浙江人民出版社2013年版，第89页。

题。最后，我们应该采取科学之举来对待数字孪生工程的人文价值忧患，切忌等闲视之。一是要进行对数字孪生工程后果的充分论证和预测。毕竟工程是一种"社会实验"，这种实验会给"实验"的对象（公众）带来一定的风险。因此，人们在选择数字孪生工程项目时，不仅要考虑数字孪生工程本身的理论和中介手段的科学性、合理性，也要考量数字孪生工程的中长期社会效应，特别是要注意数字孪生工程的人文质量。人是数字孪生工程实践的最终目的，要扬弃数字孪生工程对人的异化，提高主体创新能力。我们要严格制止可能会引发严重的人文和社会问题的工程设计，及时评估、审查、管理已经实施的数字孪生工程项目，最大程度、最大范围地遏制危害人类的负面效应的产生。二是要加强对数字孪生工程发展的宏观调控，建立合理的社会管理和调节机制。政府和工程管理部门作为社会管理机构，应主动承担调节数字孪生工程发展方向的责任，切实维护社会的整体利益。

五、数字孪生工程的伦理反思

数字孪生工程在实施过程中存在技术伦理、利益伦理和责任伦理三个方面的伦理风险，我们应该从以增进人们福祉为着力点、坚持协同治理的理念、完善数字孪生工程伦理治理的制度建设、重视数字孪生工程伦理教育、加强数字孪生工程师的道德修养五个方面进行数字孪生工程的伦理治理。

（一）数字孪生工程的伦理风险

数字孪生工程伦理风险主要涉及技术伦理、利益伦理、责任伦理三个方面。

第一，技术伦理风险。数字孪生工程技术伦理是指数字孪生工程建设中用于规范工程技术人员的技术环节和技术行为的道德标准、价值理念、价值观念。数字孪生工程的技术伦理风险的出现意味着数字孪生工程的技术标准与伦理标准之间发生了激烈冲突。例如，用于预测流感病毒的数字孪生医疗工程需要处理和分析复杂、庞大的孪生数据，但同时也存在泄露个人隐私的风险。

第二，利益伦理风险。数字孪生工程利益伦理是指数字孪生工程能最大限度地平衡各方的利益、实现利益最大化。数字孪生工程利益伦理风险意味着数字孪生工程在实施过程中继续复制、模拟和映射甚至加深现实世界中的各种不平等、不公正。以数字孪生城市工程为例，有研究表明，城市中那些因为经济、年龄、性别、教育、地理等因素而被边缘化的群体在数据权利上长期以来遭受着一些不公正的待遇，而在虚拟世界的数字呈现中，他们同样是被边缘化的。因此，数字鸿沟在数字孪生城市工程的建设和运行管理中被进一步拉大，这不仅会严重影响公共服务的公平性，还会导致社会弱势群体对公共资源的享受产生"挤占效应"，使得社会弱势群体面临被数字社会抛离的风险。

第三，责任伦理风险。数字孪生工程责任伦理是指数字孪生工程的主体能够对自己的言行负责。数字孪生工程责任伦理风险意味着数字孪生工程的事前责任、事后责任、决策责任难以被追究。例如，数字孪生算法设计者自身不当的价值观念和错误认知有可能使其不愿意承担责任。数字孪生算法决策者所做出的决策结果因不能立即显现而使其责任拥有潜伏期，但是，目前的责任伦理规范无法做到追究技术决策者未来的责任。数字孪生工程关系到每一个人的生存、发展和幸福，数字孪生工程的主体所承担的责任重大。因此，数字孪生工程项目的规划要尽可能规避伦理风险，以免给人类带来不良影响。

（二）数字孪生工程的伦理规制

第一，以增进人民福祉为着力点。数字孪生工程应该坚持"以人民为中心"的发展理念，以维护广大人民群众的利益为出发点和落脚点。数字孪生工程作为直接的、现实的生产力，可以促进人类突破自然、社会和传统观念的束缚而获得解放、自由。但是，数字孪生工程的实施仍存在阻碍人的解放的因素。就如马克思在 1844 年《〈黑格尔法哲学批判〉导言》中所说的那样："必须推翻那些使人成为被侮辱、被奴役、被遗弃和被蔑视的东西的一切关系。"① 数字孪生工程主体一定要阻止人类隐私被侵犯、人类被不公正对待等"侮辱""遗弃"行为，以保护人类的尊严和隐私，防止人类利益遭受损害，确保数字孪生工程活动守住伦理底线。

第二，坚持协同治理的理念。开展数字孪生工程伦理治理工作的首要前提是树立科学的治理理念，在科学理念的指导下，切实发挥数字孪生工程造福人类的重要作用。我们认为，在数字孪生工程伦理治理的过程中，应该打破单一、分散的管理理念，树立协同联动的治理理念，发展以政府为主导，高校、科研院所、企业、社会公众等多元主体共同参与的数字孪生工程的协同伦理治理新格局。数字孪生工程的伦理治理应该始终坚持政府主导，发挥政府的"元治理"作用，即转变政府既有的角色和功能，从大包大揽式的全能型角色向元治理（即治理的治理）转型，② 在承认共治模式的情况下，充分发挥政府部门的引导与控制功能。此外，高校、科研院所、企业、社会公众等作为数字孪生工程伦理治理的重要主体，也需要充分发挥参与治理的积极性和主动性。唯有凝聚多方治理力量，实现多维协同合作，才能切实提高数字孪生工程伦理治理的实效。

第三，完善数字孪生工程伦理治理的制度建设。制度是约束人们行为及其相互关系的一套行为规范，在善的制度的规约下，可以实现数字孪生工程主体的伦理遵循，促成制度规约下的数字孪生工程的善行。正如克里斯道夫·胡比希（Christoph Hubig）所言，工程技术伦理的有效贯彻和工程技术伦理问题的解决在于将工程技术伦理转变为制度伦理。③ 为此，我们认为，一方面，应该加强数字孪生工程伦理审查监督的制度化建设。数

---

① 中共中央马克思恩格斯列宁斯大林著作编译局：《马克思恩格斯选集（第一卷）》，人民出版社 1995 年版，第 10 页。

② 参见顾昕、赵琦《公共部门创新中政府的元治理职能———一个理论分析框架》，载《学术月刊》2023 年第 1 期，第 69-80 页。

③ 参见王国豫《德国技术哲学的伦理转向》，载《哲学研究》2005 年第 5 期，第 94-100 页。

字孪生工程伦理审查监督要有明确的规则流程，以防止数字孪生工程伦理审查监督流于形式。此外，还要科学设置数字孪生工程伦理委员会工作机制，研究制定数字孪生工程伦理委员会的具体职能。另一方面，要推动数字孪生工程伦理治理的法治化建设。当伦理规范丧失作用的时候，就需要借助强制性的法律规范来解决数字孪生工程的技术、利益、责任伦理问题。人们应当为数字孪生工程实践立法，对其一切越轨的行为实施制裁，使数字孪生工程的发展遵循一个理性的限度。

第四，重视数字孪生工程伦理教育。工程伦理教育是高校非常重要的一门职业道德教育课程。相关教育行政主管部门对工程伦理教育课程和专业技术课程应一视同仁，科学规划工程伦理教育课程的人才培养目标、专业培养计划、课程体系等，增强高校学生群体对数字孪生工程伦理的重视程度，并帮助他们树立正确的数字孪生工程伦理观。此外，高校还可以利用自身的教育优势，为国家和社会培养一批高素质、专业化的数字孪生工程伦理治理人才队伍。

第五，加强数字孪生工程师的道德修养。数字孪生工程师自身的道德修养在引领数字孪生工程正向发展的过程中发挥着极端重要的作用，会深刻影响到数字孪生工程的设计和实施。而且，发挥数字孪生工程共同体成员彼此之间的"道德感染"作用（即一方由于敬慕于另一方的道德形象而产生高度的道德情感认同，并引发相应的道德行为的过程），① 可以产生一方履行责任的同时，带动、激发另一方也遵循责任的效果。数字孪生工程师追求真善美和保持道德独立性是道德修养中极为重要的两方面。数字孪生工程师追求真善美，可以在促进数字孪生工程发展的同时，促进社会的和谐稳定。而所谓道德独立性是指工程师对社会环境的人身依赖与在道德上自我决定、自我发展之间的张力，数字孪生工程师保持道德独立性意味着其能够勇敢拒绝经济、权力等的诱惑。

---

① 参见吕耀怀《道德感染的特性与功能》，载《哲学动态》1991年第6期，第23—24页。

第十章

数字孪生医疗的模型建构与伦理规制

随着数字孪生技术的快速发展，其在医疗领域中的应用将展现出广阔的前景，但同时也带来了一系列新的伦理问题。本章基于所构建的数字孪生医疗模型，对模型初建时的个人隐私权保护、数据现实性代表等数据伦理，模型运作过程中的算法黑箱、算法推荐等算法伦理，模型应用时的医患关系、量化自我等医患伦理，模型发展时的数字鸿沟、医疗公平等社会伦理进行研究，并针对每一环节的伦理问题提出相应的应对之道，以期推动数字孪生技术在医疗领域中的进一步落地应用。

　　数字孪生是指基于现实世界中的物理实体，在数字化空间中构建其完整映射状态下的全生命周期的虚拟模型，通过集成多学科、多物理性、多尺度的仿真过程，有效实现物理实体与虚拟模型之间的交互反馈与虚实融合，从而达到以虚控实，优化现实物理世界的目的。[①] 数字孪生医疗（digital twin medical）是将数字孪生技术应用到医疗领域，通过数字技术提高和改善医疗服务的过程。本章将数字孪生医疗聚焦于患者群体、医疗设备、医护人员、医院实体，构建出数字孪生医疗模型（digital twin medical model，DTMM），并基于该模型，从数据、算法、医患、社会等视角，研究数字孪生技术应用到医疗领域中所带来的新的伦理问题，并提出相应的应对措施，以推动数字孪生医疗的进一步发展。

一、数字孪生医疗模型的构建与应用

（一）数字孪生医疗模型构建

　　数字孪生医疗模型首先需要对患者群体、医疗设备、医护人员、医院实体构建相应的数字孪生模型，如图 10-1 所示：①患者群体作为数字孪生医疗模型的核心要素，对其孪生模型的构建尤为重要，也尤为复杂。患者群体在现实物理世界中以独立的生物个体方式存在，按照生命系统结构层次，其孪生模型可遵循"细胞—组织—器官—系统—个体"的顺序进行建构，并从"几何—生理—行为—规则"等维度进行孪生建模。[②] 其中，几何模型描述患者的人体外形与内部器官以及各个器官按照一定顺序排列

[①] E. Glaessgen , D. Stargel "The Digital Twin Paradigm for Future NASA and U. S. Air Force Vehicles", Proceedings of the 53rd Structures Dynamics and Materials Conference. Special Session on the Digital Twin. Reston：AIAA, 2012：1–14.

[②] 参见胡天亮、连宪辉、马德东等《数字孪生诊疗系统的研究》，载《生物医学工程研究》2021 年第 1 期，第 1–7 页。

组合而成的系统；生理模型描述患者的心率、血压、血糖、体温、肺部顺应性等生理和病理数据以及系统功能；行为模型描述在与患者有关的外部环境变化与内部运行机制共同作用下产生的实时响应及行为，多表现为患者的身体生命健康数据变化；规则模型描述患者基于历史与实时关联数据的人体各器官和系统的生理病理运行规则，这些规则将随着时间的推移与患者的变化自增长、自学习、自演化。②医疗设备的孪生模型可遵照一般的模型构建方法，按照"机械—电气—控制—气动—材料"多领域以及"几何—物理—行为—规则"多维度进行模型构建。① 其中，几何模型描述医疗设备的外形尺寸及内部构造，物理模型在医疗设备几何模型的基础上增加了对材料、质量、强度等物理特性的描述，行为模型描述医疗设备使用时的行为特性，规则模型描述医疗设备的运行规律以及随时间推移而形成的自主决策规则。③医护人员孪生模型的构建可比照患者群体建模的方法，但其不需要像患者一样的病理数据，只需要按照所涉及的相关医疗信息进行建模即可。④医院实体的数字孪生模型构建可借助建筑信息模型而实现，在与医院虚拟孪生模型的信息交互中实现各楼宇、各楼层、各科室、各病房的实时监控与有序运转。②

---

① 参见陶飞、刘蔚然、张萌等《数字孪生五维模型及十大领域应用》，载《计算机集成制造系统》2019 年第 1 期，第 1-18 页。

② 参见李林、叶嵩、熊建等《基于数字孪生的医疗建筑数字化运维建设》，载《2022 年全国工程建设行业施工技术交流会论文集（中册）》2022 年，第 564-568 页。

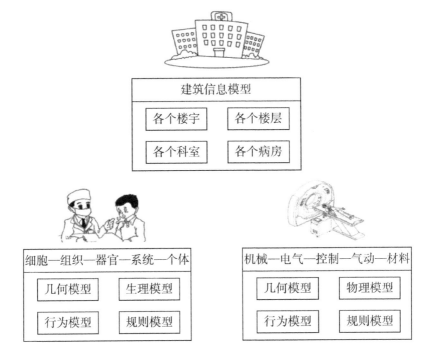

图 10-1　数字孪生医疗模型构建

在构建数字孪生医疗模型的过程中，医疗大数据是支撑整个系统架构的关键要素，如图 10-2 所示：其一，①和②构成了患者群体的孪生数据来源，其中①为患者存档数据，诸如患者的姓名、年龄、联系方式、家庭住址等身份信息以及历史病理信息，存档数据可从电子病历、历史疾病登记数据库等渠道获取；②为患者实时数据，诸如患者的体温、心率、血压、血糖、血氧、心电图等实时采集的生理病理数据，实时数据可通过医学影像及传感设备获取。其二，③和④构成了医疗设备的孪生数据来源，其中③为设备参数数据，诸如设备的使用型号、工作电压、使用次数、安全事项、使用年限等参数数据，参数数据可从设备登记表及使用说明书中获得；④为设备运行数据，比如用 X 射线、CT（电子计算机断层扫描）传感器生成人体切片图像以检测人体内的异常情况，用光纤传感器观察体内器官以传递形态学检查图像等数据信息。其三，医疗设备主要分为诊断设备类、治疗设备类及辅助设备类，随着人工智能技术的发展，医疗设备也逐渐朝着⑤智能机器的方向发展，其智能性体现在能根据实际医疗需求独自编制操作计划、生成动作程序并加以实施。其四，医护人员作为医疗行为实施的一方，承担着救治病患的责任。⑥为医护数据，其构成了医护数字孪生的数据来源。医护数据涉及医护人员与医疗信息相关的数据，比如医护人员的身份信息、分管患者数据、医疗经验等信息；同时，在智能机器的应用下，医护人员将逐渐充当医疗智能机器做出决策的⑦解释者，以向患者分析病情并提供最优治疗方案。

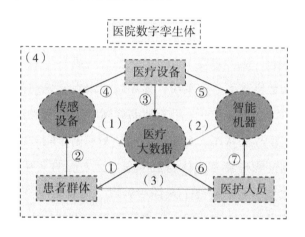

图 10-2 数字孪生医疗模型图解

在图 10-2 所示的数字孪生医疗模型图解中，我们可以看到这样一条研究进路：其一，患者群体、医疗设备、医护人员等通过传感设备进行数据采集，经过筛选审核之后将其实时状态信息汇入医疗大数据之中；其二，医疗大数据中的数据信息经过信息交互平台上传共享至智能机器，智能机器通过对数据建立训练集，不断进行深度学习与迭代优化，以做出最优医疗决策；其三，医疗智能机器形成的决策需由医护人员向患者群体做出清晰合理的解释，同时患者群体也需要面向医护人员进行双向的信息反馈与交流；其四，放眼整个数字孪生医疗模型，医院数字孪生虚体将与医院物理实体在全生命周期内同生共长，二者间的虚实交互与信息融合为医院的整体协同发展提供了最佳平台。

（二）数字孪生医疗的应用

根据全球顶级数据分析机构 CB Insights 的数据预测，全球数字孪生市场规模到 2025 年预计将达到 360 亿美元。随着当下人们对智能医疗和健康管理的关注，"数字孪生+医疗"越来越成为解决当前医疗需求的有效方案之一。目前，数字孪生医疗的研究应用主要集中在人体孪生模型、疾病孪生模型、药理生物模拟、传感器设备研发等领域。

首先，在人体孪生模型中，研究人员针对现实世界中的人体器官及人体自身构建孪生模型。例如，加拿大渥太华大学 MCR（多媒体通信研究）实验室针对"独自一人并遭受 IHD（缺血性心脏病）"这个场景，提出了一种边缘运行的数字孪生心脏系统，该系统可以在紧急情况下自动监测和帮助患者。[①] 有学者构建了一个用于肺癌诊断的医疗保健数字孪生双胞胎架构，其将现实世界的状态、算法驱动的预测和基于物理的手术渲染联系起来，通过数据使物理器官实体与数字孪生肺之间的交互成为可能。[②] 俄罗斯萨马拉国立技术大学研究了人体心脏冠状血管系统的数值模拟方法，其目的主要是获得用于创建冠状心脏血管数字孪生体的血流动力学和切应力。[③] 除了对人体器官构建孪生模型外，个体孪生模型也在逐渐被创建。例如，法国达索系统公司的人体数字孪生被称为虚拟双胞胎体验（virtual twin experience）；英国 AI 远程医疗公司 Babylon Health 也在通过收集用户的健康数据来为其建立专属的数字孪生体。

其次，在疾病孪生模型中，牛津大学尝试应用数字孪生技术提高心脏

① R. Martinez-Velazquez, R. Gamez, A. E. Saddik. "Cardio Twin：a Digital Twin of the Human Heart Running on the Edge", 2019 IEEE International Symposium on Medical Measurements and Applications, USA：IEEE, 2019：1-6.

② Li L., Lin G., Fang D., et al. "Cyber Resilience in Healthcare Digital Twin on Lung Cancer", *IEEE Access*, 2020, 8：201900-201913.

③ I. Naplekov, I. Zheleznikov, D. Pashchenko, et al. "Methods of Computational Modeling of Coronary Heart Vessels for Its Digital Twin", *MATEC Web of Conferences*, 2018, 172：01009.

病治疗辅助决策水平，① 基于人工智能的数字孪生模型经过训练，可以将心脏的电生理特性、物理特性和结构相关数据整合到三维图像中，从而对心脏疾病可能发生的情况进行预测模拟；药明康德团队基于机器学习平台与阿尔茨海默病疾病模型，成功创建了数字孪生模型，② 通过记忆存储与可视化复现，帮助阿尔茨海默病患者建立清醒意识；初创公司的 Twin Health 专注于开发新陈代谢领域的数字孪生，该模型能够进一步预测营养摄入、睡眠与运动量等指标，预防或者减少糖尿病等慢性疾病所引发的负面影响；发表在 *Nature Medicine* 上的一篇文章报道了一种创新性的具有持续生命周期的癌症患者数字孪生（cancer patient digital twin，CPDT）框架，其通过使用先进的电子设备和生物技术来动态反映患者不同治疗和时间的生理和生活方式状态，该框架可持续解释不断演变的癌症状态和供体的免疫系统，减少临床决策中所存在的固有不确定性，从而改善结果，促进患者与临床医生间的互动，以更好地服务于当前的医疗体系。

再次，数字孪生技术在的药理生物模拟中的应用。药物研发在传统模式下面临着风险高、投资高、周期长的特点，数据表明，一款新药从最初研发到成功面世平均要花费 26 亿美元，且其周期至少需要 10 年。数字孪生技术在医药领域的应用或许将改变这种情况，即将数字孪生与药物和生理信息结合，建立孪生模型分析框架，以进行药理生物模拟。该模型能够结合个体数据，模拟预测未经患者临床试验的药物反应，从而助力药物研发。例如，初创公司的 Unlearn. AI 通过收集参与者的身体数据，创建数字孪生体作为药物测试对照组，这样可以让尽可能多的参与者加入实验组，提升实验效率，同时节约研发成本。

最后，在传感器设备研发中，许多公司和研究机构致力于研发新型成

---

① J. Corral-Acero, F. Margara, M. Marciniak, et al. "The 'Digital Twin' to Enable the Vision of Precision Cardiology", *European Heart Journal*, 2020, 41（48）: 4556-4564.

② A. Croatti, M. Gabellini, S. Montagna, et al. "On the Integration of Agents and Digital Twins in Healthcare", *Journal of Medical Systems*, 2020, 44（161）: 1-8.

像技术与新型人体探测器，从而全面地描述人体数据信息，以保障与所构建的数字孪生模型之间实现精准映射。有关企业研究了能够测量人们健康参数的"健康追踪器"。例如，飞利浦的 SmartSleep 头带可记录人类的睡眠，Polar 的 H10 胸带能详细测量心率，Fitbit 的 Ionic 能记录步数和跑步习惯等。① 此外，在实践中还有将传感器与数据平台结合使用的案例。美国的 Q Bio 公司就将旗下的 Mark I（一种全身型成像设备，且可以在没有辐射的情况下生成高质量的图像）与 Gemini（一种患者的医疗数据信息平台）一起使用，通过对医疗数据的集成，该平台为患者构建了有关其自身生理病理的数字孪生体。

二、基于模型的数字孪生医疗伦理问题表征

（一）数字孪生医疗模型初建：数据伦理问题

1. 医疗孪生数据采集过程中的个人隐私权问题

按照上述图 10-2 所分析的研究进路（1），对医患群体构建孪生模型是数字孪生医疗模型的核心内容，医患孪生数据采集是其中的关键环节，但这个环节会涉及个人隐私权保护的问题。数字孪生时代的医患佩戴可穿戴设备并进行人体全身扫描，他们的绝大部分信息都将"被采集"，而且，一旦被采集之后便会永久记录与保存，并且实时进行更新。对于医患而言，既然他们的大部分信息（其中包括隐私信息）已经被采集，那么还有必要对个人隐私权进行保护吗？答案显然是肯定的，因为隐私不仅是一项基本人权，更在无形之中承担着"信任稳定"的价值。如若不进行隐私保护，那么被采集的数据将很难辨清真假，数据失信及数据污染很可能会占据主导地位。因此，人们对数字孪生医疗领域的个人隐私无疑要进行保

① K. Bruynseels, F. Santoni de Sio, J. van den Hoven. "Digital Twins in Health Care: Ethical Implications of an Emerging Engineering Paradigm", *Frontiers in Genetics*, 2018, 9（13）: 1-10.

护。于是，医疗孪生数据采集过程中的个人隐私权问题便涉及如下两个方面：一是数据被动泄露问题，如果这些医患数据信息遭到泄露或者被第三方恶意利用，个人的隐私权将会面临严重挑战，而且会给当事人带来严重的负面影响；二是数据主动删除问题，在数字孪生时代，记忆成了常态，而遗忘则成了例外。[①] 如果说对于阿尔茨海默病患者而言，这些与自身在全生命周期内同生共长的数据记忆有助于病情的改善。那对于那些想要删除不好记忆的医患而言，他们又将如何面对这永久保存的数据呢？他们是否有权要求删除自己的相关信息呢？显然，这两个方面都是医疗孪生数据采集过程中所必须面对的个人隐私权问题。

2. 医疗孪生数据采集完成后的现实性代表问题

医疗是关系到万千百姓的重要民生领域，如何看待医疗孪生数据采集完成后的现实性代表问题尤为重要。汇集的医疗大数据并不只是冰冷的数字化表达，它实际上是物的数据化与数据的物化的统一，而且这种统一在数字孪生时代表现为实时的交互与反馈。物的数据化是指医患群体、医疗设备、医院实体的信息都以数据的形式被汇入医疗大数据，并上传至信息交互平台，用以描述刻画医疗现状，这些数据所代表的是实实在在的医疗主客体。数据的物化是指通过孪生数据构建的医患群体、医疗设备、医院实体的孪生模型，再次以可视的物化形式呈现，这些孪生数据通过信息交互平台与现实的医疗主客体产生联系与交互，并充分挖掘相关关系以改善医疗现状。于是，这其中便会涉及以下两方面的伦理问题：一是个体价值差异的体现问题。医疗孪生数据采集所借助的大数据技术在相关关系层面更多的是将个别结合为普遍、将个体结合为整体、将"我"结合为"我们"。[②] 但就患者医疗数字孪生而言，它是要为每位患者构建自身的孪生模

---

① 参见黄欣荣《大数据技术的伦理反思》，载《新疆师范大学学报（哲学社会科学版）》2015 年第 3 期，第 46-53 页。

② 参见岳瑨《大数据技术的道德意义与伦理挑战》，载《马克思主义与现实》2016 年第 5 期，第 91-96 页。

型，因此，在大数据背景下如何充分兼顾个体价值差异值得深入探讨。二是因果关系向相关关系转换的问题。大数据技术所带来的影响之一就是放弃对因果关系的渴求，转而关注相关关系，即人们只需要知道"是什么"，而无须深究"为什么"，人们越来越经常通过这种相关关系来发现事物普遍本质的联系。[①] 但大数据思维也具有一定的局限性。[②] 尤其是在医疗数字孪生领域下，对于患者病情的研究离不开对因果关系的追问，因此，如何平衡这种关系是其难题之一。

（二）数字孪生医疗模型运作：算法伦理问题

1. AI 机器学习算法黑箱产生的风险性决策问题

按照上述图 10-2 所分析的研究进路（2），智能机器通过对医疗孪生数据建立训练集，不断进行深度学习与迭代优化，从而为患者提供"最优治疗方案"。而关于智能机器所提供的治疗方法是否"最优"，仍是值得商榷的问题，因为其中涉及机器智能学习算法黑箱所产生的风险性决策问题。[③] 算法黑箱被界定为算法设计者运用不透明的程序将输入转换为输出的过程，人们只能通过输入和输出来进行理解，而不知道其内部工作原理。[④] 因此，算法黑箱一方面在封装技术复杂性的同时，另一方面又不可避免地带来了决策的不确定性与风险性。对于医疗数字孪生而言，通过智能机器为患者提供的治疗方案，可能会因为技术本身机器学习算法的复杂性而具有极高的风险性。关于医疗智能机器算法决策所蕴含的算法黑箱，不仅是患者群体，就连使用智能机器设备的医护人员，乃至设计制造医疗

① 参见卢雨生《论大数据背景下科学发展的第四范式》，载《现代交际》2020 年第 13 期，第 244-245 页。
② 参见刁生富、姚志颖《论大数据思维的局限性及其超越》，载《自然辩证法究》2017 年第 5 期，第 87-91、97 页。
③ 参见刁生富、李思琦《数字孪生算法黑箱的生成机制与治理创新》，载《山东科技大学学报（社会科学版）》2022 年第 6 期，第 25-33 页。
④ 参见张淑玲《破解黑箱：智媒时代的算法权力规制与透明实现机制》，载《中国出版》2018 年第 7 期，第 49-53 页。

智能机器的设计人员都无法知晓其运作的具体原理，因此，对于智能机器医疗设备所生成的医疗决策，作为被应用方的患者存在着很大的隐忧，如若其风险性的一面真的发生，届时可能会对患者的生命安全造成严重的威胁。

2. AI 机器学习算法推荐产生的技术性遮蔽问题

数字孪生医疗算法伦理问题，除了表现为在治疗方案生成中所伴随的算法黑箱伦理问题，还表现为在医疗保健中的算法推荐伦理问题。数字孪生技术在医疗领域中不仅能够对患者个体的健康数据和医疗情况进行数字化模拟，还能够被用于模拟患者对于新药的反应，从而监测新药的试验效果并加快研发速度。然而，对于亚健康群体乃至健康群体的健康服务而言，他们极易受到包含商业利益倾向的算法推荐所带来的负面因素的影响。具体来看，在未来，每个人都有自己专属的数字孪生模型，而且随着孪生模型的迭代升级，其不仅能够接收现实个体的实时数据，反过来还能够驱动个体发展，同时进化为个体对象的先知、先觉甚至"超体"。对于亚健康乃至健康群体，数字孪生能够识别出他们更喜欢的身体健康参数，于是医疗保健行业便会从其中进行数据挖掘，用来确定新的治疗与保健路线。这本是由技术进步带来的医疗保健行业的适时更新发展，但如果带有商业性利益的算法推荐与群体的身体健康数据"合谋"，那么广大受众对象很可能就会因算法推荐技术的逻辑而受到遮蔽。即算法推荐通过对受众群体的健康数据和兴趣特征的分析以及社交图谱的构建，为其提供"一对一"个性化服务的同时，伴随的是医疗保健行业出于商业利益的考量。可以预见的典型例子就是医疗保健行业的医疗产品、保健用品、医疗器械、保健器具、健康管理、健康咨询等服务很可能是经过商业利益价值"筛选"之后再呈现给受众的，但这些又是否是个体真正的"自身选择"呢？这种算法推荐伦理问题在数字孪生医疗领域表现得更为突出。

（三）数字孪生医疗模型应用：医患伦理问题

1. 数字孪生技术应用下医患间的关系重构问题

按照上述图 10-2 所分析的研究进路（3），医患伦理问题始终是医学伦理问题的重点，在数字孪生时代也同样如此，而且更为复杂。首先表现为数字孪生技术应用下医患间的关系重构问题。传统的医患关系伦理学模型涉及家长主义模型、自主模型、契约模型。在这三种模型中，家长主义模型是指医疗决策主要是由医生做出，患者听从医生的安排，这种模型的形成主要是出于对医生道德及其专业知识的肯定，使得患者像孩子般求助"家长医生"；自主模型是指随着民权的发展，患者的医疗意愿更加受到重视，"知情同意"便是这一模型的具体表现，即医生将真实病情及治疗方案告知患者，患者在了解相关信息后决定是否同意医生提出的治疗方案；[①] 契约模型是将医患双方比照商品交换关系而提出的医患伦理关系模型，但实际上由于医患双方在医疗知识上并不平等，而且医患关系上的信托性质超越了商品交换关系，契约模型本质上并不适合描述医患伦理关系。不只是契约模型，用家长主义模型或自主模型去描述医患关系在学界也存在争论，前者易造成医生决策独断的问题，而后者则对患者的知情同意程度存疑。随着数字孪生技术应用到医疗领域，医患之间的伦理关系也发生着改变，那么该如何描述医患间的这种关系重构？当分别为患者个体和医护人员构建数字孪生模型时，真实物理世界中的患者和医护之间的关系是否会变得更加陌生？当智能医疗设备越来越独立进行自主决策，横亘在医患之间的治疗方案又该被如何对待？这些都将是数字孪生技术应用下医患关系中所无法避免的问题。

2. 数字孪生技术应用下医患间的量化自我问题

数字孪生医患伦理问题的另一表现是数字孪生技术应用下医患间的量

---

① 参见晏珑文《医患关系中个人自主的局限与突围——关怀伦理对医疗决策的启示》，载《医学与哲学》2022 年第 20 期，第 41-45 页。

化自我问题。量化自我（quantified self）用来借指那些不断探索自我身体，以求能更健康地生活的行为。该词虽是源于 2008 年提出的概念，但随着数字孪生技术的应用，量化自我将展出越来越重要的价值，同时也将带来一定的伦理问题。首先，随着科技的发展，在未来将会有相当一部分的人群借助可穿戴设备、移动 App 实时追踪自己的日常数据。所谓量化主要是指对个人的体温、血压、血糖、肺活量、饮食情况、睡眠质量等进行数据化监测。这一方面在帮助用户形成健康生活状态和提前预测疾病方面有所助益，另一方面也会促使患者过度关注数据而造成主体性消解问题。其次，数字孪生技术在医疗领域中的应用将会带来就诊流程的革新。在传统诊疗中，患者通常是直接告诉医生自己哪里不舒服，而随着数字孪生技术的应用，患者告知医生的将是通过各种可穿戴设备监测得出的身体各项数据指标。于是，在新的医患就诊流程中，双方通过"量化自我"以更加可视化的方式进行病情诊断。这其中便会涉及一个伦理归属的问题，即当患者离逝后，早先为其构建的孪生模型数据信息该如何处理？是将其交由患者家属，还是仍留在医院记录保存？数字遗产问题是数字化时代所必须面对的现实问题，而数字孪生技术应用下医患间的量化自我问题必然会涉及这一问题且使其更加具体化和现实化。

（四）数字孪生医疗模型发展：社会伦理问题

1. 数字孪生医疗引发个体及区域数字鸿沟问题

按照上述图 10-2 所分析的研究进路（4），从全局来看，数字孪生医疗在发展过程中不可避免的社会伦理问题之一，便是其引发的个体及区域的数字鸿沟问题。数字鸿沟又称信息鸿沟，即"信息富有者和信息贫困者之间的鸿沟"。就数字孪生医疗而言，患者、医护、设备、医院的大量原始数据信息是相应孪生模型得以构建的基础，而一旦原始信息对不同群体而言变得不可及，将会带来医疗数字鸿沟问题。例如，对于患者群体而言，尤其是在人口老龄化背景下，有大量就医需求的往往是老年人，这其中便会涉及如下的数字鸿沟问题。首先是"接入沟",即包括老年人在内的患者群体是否拥有或者能否使用能获取自身生理病理数据的可穿戴设备?接入数字世界的患者的物质条件与设备经济成本是第一层鸿沟存在的关键。其次是"使用沟",即对于那些具有足够经济能力能通过可穿戴设备来获取身体原始数据的患者而言,他们在使用数字孪生医疗这项技术时,能否对其生成的治疗方案形成清晰明了的认识。这一层数字鸿沟的主要限制在于患者自身的认知理解能力与医护人员的解释程度。最后是"区域沟",即对不同地区的患者群体使用数字孪生技术参与医疗的程度,"区域沟"在我国突出表现为东西部地区、不同省市以及城乡之间的数字鸿沟问题。

2. 数字孪生医疗引发个体及区域医疗公平问题

数字孪生医疗在发展过程中的另一社会伦理问题是其引发的个体及区域的医疗公平问题。在通往数字孪生医疗领域的"高速列车"上,由于集体共识的存在,每个人都希望对自己更了解一些,以便更好地治疗或进化,最终的结果是没有人会"踩刹车",人类自身会同工具一起升级,而且表现得越来越融合。尽管会有少数人对此产生质疑或表现出担心,但放弃的只能是自己失去了机会,而改变不了数字孪生在医疗领域应用的进程。上文内容得以进行讨论的大前提之一是每位患者都能构建自己的数字孪生模型,但在现实中往往会遇到各种各样的阻碍,导致无法实现这样的目标需求,即在数字孪生医疗领域的应用进程中,会涉及个体及区域的医疗公平问题。首先是患者接入限制的问题。新技术的每一次渐进式普及过程都将伴随着昂贵的支付费用,对于那些低收入患者群体或是身处偏远山区的患者,可能会发生由于支付不起相应的费用而致使他们面临数字孪生医疗接入限制的问题。其次是患者主动放弃的问题。尽管数字孪生技术应用于医疗领域会带来诸多好处,但总有一部分患者群体出于自身或其他因素的考量而不愿意加入其中。无论是患者接入限制的问题还是主动放弃的问题,其所产生的影响结果在很大程度上都会将人类这种"生物性差距"

演变成一种"符号性差距"。通过医疗数字孪生算法生成的医疗预测将会影响人们的自我认知，未来总有人站在算法之上成为推进医疗孪生事业不可或缺的力量，但如果这种人的数量太少且财富又过于集中，同时，通过数字孪生技术改善健康状况甚至延长生命变成一种可以用昂贵费用购买的服务，那么"人人都是平等的，起码在死亡面前，人人都是平等的"这种观点或许就需要被重新定义了。

三、基于模型的数字孪生医疗伦理问题应对

（一）数字孪生医疗模型初建：数据伦理问题应对

1. 转变对个人隐私权保护的思路

医疗孪生数据采集过程中的个人隐私权问题表现为数据被动泄露问题和数据主动删除问题。首先，对于医疗数据被动泄露问题，要转变伦理思考的方式。尤其是在数字孪生时代，数据伦理问题将成为十分重要的关注话题之一，伦理思考方式应该成为与技术展现相契合的文明进程。[①] 当数字孪生技术的应用造成了医疗数据被动泄露的问题时，我们不应再仅仅将伦理思考方式定位为对"技术之是"进行批判的"应该"（即将伦理关注点聚焦于过度批判数字孪生技术对医疗领域带来的负面影响），而应将数据被动泄露问题视为数字孪生技术在医疗领域应用中需要弥合的文明进程中的应有之义。关于这一问题，我们可通过技术本身和社会各界来协同应对。例如，我们可以加强数字孪生医疗领域数据中心的软硬件建设，以减少数据中心本身的安全缺陷；构建包括政府、医院、企业、患者、社会在内的信息安全生态圈，加强个人隐私保护法的执法力度，发挥社会各界在数据保护中的责任与作用。其次，对于医疗数据主动删除的问题，要对医

---

① 参见岳瑨《大数据技术的道德意义与伦理挑战》，载《马克思主义与现实》2016年第5期，第91-96页。

患诉求进行权衡。数字孪生医疗所带来的数据伦理问题是在新技术背景下形成的新伦理问题，对于此类问题，以往自上而下解决的方法往往会忽略底层利益相关者的诉求。因此，应该采取自下而上解决的方法，从而兼顾医患群体在这场数字孪生新技术变革中的现实利益诉求。对于"究竟由谁来决定数字孪生医疗数据的取舍"这一问题，医患群体仍是对涉及自身的孪生数据信息具有发言权和主动权的客观主体。

2. 关注孪生数据背后的现实意义

医疗孪生数据采集完成后的现实性代表问题表现为个体价值差异的体现问题和因果关系向相关关系的转换问题。首先，对于个体价值差异的体现问题，要关注最小行动者与最大数据间的相互区别。借助大数据技术管理的医疗孪生数据具有特殊性，其背后所代表的是患者的生命健康。虽然大数据技术将最小行动者与最大数据计算进行了联通，但对于医疗孪生数据而言，患者群体的普遍性数据无法涵盖全患者个体的特殊性数据，因此仍要关注患者个体的价值差异。具体来看，在构建患者病理孪生模型时，要以患者个体自身的生理病理数据为"基准数据"，在充分兼顾患者个体价值差异的基础上，参照同类型病理大数据进行治疗方案的选择。其次，对于因果关系向相关关系的转换问题，要贴合医疗数字孪生的实际需求来处理。

依靠大数据技术获取的医疗孪生数据可被称为"医疗全数据模式"，就患者群体而言，它涵盖了患者过去的生理病理数据，而且在数字孪生技术的应用下，还能获得患者身体生命健康的实时数据。但通过数据挖掘技术所发现的数据间的相关关系具有或然性，不同于由传统的因果关系演变而来的具有普遍必然性的因果规律。针对患者病情的研究，对其中因果关系的追问是进行治疗方案制定的重要依据。因此，在面对医疗数字孪生数据领域时，关于对数据的关注由因果关系转到相关关系这一问题，要贴合医疗数字孪生的实际需求，在挖掘相关关系的同时也不能忽视对患者病情的因果关系的追问。

（二）数字孪生医疗模型运作：算法伦理问题应对

1. 智能医疗机器设备嵌入伦理道德

数字孪生医疗模型运作中的算法伦理问题之一是 AI 机器学习算法黑箱所产生的风险性决策问题。就智能医疗设备而言，其关系到患者群体的生命健康问题，因此越来越多地负载着价值和责任。于是，探究与医疗事业相关的人员如何负责任地对待医疗智能设备或许是应对机器算法黑箱的有效途径之一。针对医疗智能机器本身的技术复杂性，我们可以采取"机器伦理"的应对办法，即向医疗智能机器设备中嵌入伦理道德，从而使机器具有伦理属性。伦理学起源于对人类道德行为的理解。随着时代的发展，作为道德主体的道德对象的概念不断得到扩展。拉图尔（Latour）用"行动者理论"沟通了人与非人因素之间的界限，[①] 道德对象由人扩展到动物、环境、自然等非人因素，直至今天，以智能机器为代表的技术人工物也应当被视为关怀的道德对象。詹姆士·摩尔（James Moor）曾提出"广义机器伦理"的观念，并根据伦理因素的涉入程度定义了标准主体和有伦理影响的主体两种伦理外在于机器的伦理主体，以及隐性的伦理主体、显性的伦理主体和完全的伦理主体三种伦理内在于机器的伦理主体。[②] 若将显性的伦理主体这种意义上的机器应用到智能医疗设备领域，它便能够识别与医疗伦理相关的信息，筛选出针对患者当前生理病理状况中可能出现的行为表现及治疗方案，同时依据内置于其中的伦理机制对筛选出的治疗方案进行评估，并在面临医疗伦理困境时候给予伦理原则或伦理程序使其找到解决的方法，最后从中选出符合"道德伦理要求"的治疗方案。因此，尽管智能医疗设备存在由算法黑箱带来的风险性决策问题，但由于内嵌了伦理道德，所以其能够以对伦理负责任的方式运行，即不会由于应用

---

① B. Latour. *The Pasteurization of Frence*, Cambridge：Havard University Press, 1988：9.

② 参见于雪、王前《"机器伦理"思想的价值与局限性》，载《伦理学研究》2016 年第 4 期，第 109-114 页。

医疗智能设备生成的治疗方案而威胁到患者的生命健康。

2. 个体及相关利益者关照生命健康

数字孪生医疗模型运作中的另一算法伦理问题是 AI 机器学习算法推荐所产生的技术性遮蔽问题。不同于身患疾病的患者群体，亚健康及健康群体是医疗保健行业的广大受众群体，医疗保健行业通过算法推荐技术为受众提供一对一的个体化服务，但同时也遮蔽了其内在的商业利益属性。我们从尊重个体价值出发，但却得到了取消个体价值的结果。应对该问题的解决之道或许需要包括个体在内的相关利益者关照生命健康。首先，在科学家眼中，疾病或非健康状态是生活在现实物质世界中的人体运行过程中出现的技术问题，既然是技术问题，那么其成因就是可以被测量统计的，也是可以被大数据和科学算法弄清楚的。因此，医生在借助大数据和机器算法等技术对个体进行健康检查时，要本着实事求是的原则，同时将机器算法的结果与既往积累的经验相结合，为被检查对象提供真实检查结果。其次，医疗保健行业通过算法推荐技术在无形中影响了受众对象的医疗保健选择，因此，相关从业人员在考量商业价值的同时，也要兼顾与关照患者的健康，严格把控保健品的产品质量。最后，对于广大群体而言，每个人都有追求生命质量改善的权利，但在数字孪生时代，尤其是在算法推荐技术潜移默化的影响下，人们更应该提高自身的算法素养，做出有利于自身生命健康的选择，而不被算法所轻易左右。

（三）数字孪生医疗模型应用：医患伦理问题应对

1. 医患间兼顾孪生与现实关系

随着数字孪生技术被应用于医疗领域，医患关系也将发生深刻的改变。面对这种改变，人们可在家长主义模型、自主模型、契约模型的基础上提出一种适应新技术应用的"数字孪生虚实模型"（简称"DT 虚实模型"）用以描述这种重构。在 DT 虚实模型中，处理医患关系的基本原则是兼顾他们之间孪生与现实的关系。首先，要明晰对患者群体构建孪生模型的目的是以可视化的方式获取患者的生理病理数据，从而更便捷、更高效地了解患者病情，或者是借助患者孪生模型进行模拟手术和新药测试。虚拟孪生模型只是借助技术的一种方式手段，最终的落脚点仍是现实物理世界中鲜活的患者生命。因此，医护人员尽管可以通过孪生模型来观察、监测患者的生理病理数据，但仍要和现实中的患者保持紧密的联系而非疏远。其次，医患现实中的这种紧密联系可以表现在医护对智能医疗设备生成的治疗方案的解释上，从而在一定程度上维护患者的知情同意权。在数字孪生时代，人与机器形成了"人-机器-人"相互嵌入式的发展模式。这在医疗领域即表现为"患者孪生数据-智能医疗设备-患者真实个体"的模式链条，患者孪生数据与智能医疗设备的耦合物作为道德行为主体，共同面对着患者真实个体这个道德对象。在这其中，拥有医疗专业知识与经验的医护人员应该承担起向患者解释智能医疗设备所生成的医疗方案的责任，并在此基础上综合医患双方的意见，从中选出最佳治疗方案。

2. 医患间明确量化数据的蕴意

面对医患间的量化自我所带来的主体性消解与伦理归属问题，明确量化数据的蕴意是应对该问题的解决之道。首先，对于人们过度关注量化数据而造成的主体性消解问题而言，需要明确进行量化自我的目的。例如，有些用户群体会对量化数据过度沉迷，紧盯着数据的变动，而忽视了身体的主观感受，使量化数据成了唯一的参考指标。这时，人们可以引入医生的关怀伦理，通过医生视角来帮助患者明确量化数据是对身体参数的表征，量化自我的目的是对自身有更多的了解，从而形成自我意识与自我超越。例如，人们可通过量化自我的数据反馈对熬夜、挑食等不良习惯进行监测，以有意识地帮助自身改正不良习惯。其次，对于患者离逝后的医疗孪生数据的伦理归属问题，需要从多方面进行探讨。按照既往的法律规定，患者的病历可分为住院病历（医院保管不少于 30 年）、医院建立档案的门诊病历（医院保管不少于 15 年）、患者保管的门诊病历（患者方妥善保管），而患者的数字孪生模型数据涵盖的内容远超传统医院病历涵盖的内容，因此需要医院、患者、社会三方共同协商其权利归属，相关的法律规定亦需要适时跟进。

（四）数字孪生医疗模型发展：社会伦理问题应对

1. 社会各方协作缓解数字孪生医疗数字鸿沟问题

数字鸿沟能否被最终解决一直存在着争议，而且，由于数字鸿沟是一个动态的、多层面的社会问题，因此需要从多角度来进行思考与分析。数字孪生医疗所引发的个体及区域数字鸿沟问题主要表现为"接入沟""使用沟"以及"区域沟"，需要社会各方协作，共同缓解新技术应用与发展所带来的医疗数字鸿沟问题。具体来看，首先，对于"接入沟"而言，解决问题的关键在于使患者群体与可穿戴设备形成可及与可使用关系，努力方向是通过技术的迭代进步来降低智能设备的使用成本，让每位患者都有机会构建自己的专属孪生模型。其次，对于"使用沟"而言，一方面要推动患者提高自身的数字孪生技术素养，从而增进对技术的认知与理解能力；另一方面要鼓励医护人员以更加浅显易懂的方式向患者解释数字孪生技术决策所生成的可供选择的治疗方案。值得注意的是，对于老年群体，由于其年龄、身体等多方面的限制而对知识更新存在困难的情况，可以适当由其监护人代为传达或是帮助使用。最后，对于"区域沟"而言，这主要是由于区域发展水平不平衡而引起的，涉及医疗资源的区域分配问题，需要政府宏观调控的运作，以缩小东西部之间、省市之间及城乡之间的数字鸿沟。

2. 政府政策法规先行保障个人及区域的医疗公平

医院的经济性质决定了其目标是经济效益最大化，医疗服务的特殊性在于其承担着保障患者生命安全的社会公益性责任，二者共同决定了医院所面临的问题就是在公益性责任的约束条件下追求经济效益最大化，因此，需要政府提供一系列的制度安排来确保医院公益性的实现。针对医疗数字孪生技术所引发的个体及区域医疗不公的问题，需要发挥政府的社会职能。首先，要加快国家医疗大数据中心的建设。曾有专门提案建议，要通过国家医疗大数据中心的建设，尽快实现数据的归一统筹和数据的跨域共享，以数字孪生健康人为载体，实现健康医疗历史数据的个人认领和未来数据中心的汇聚应用。其次，要发挥区块链和隐私计算在数据保护中的关键性基础作用，缓解患者群体对接入数字孪生医疗的隐私保护的担忧。最后，从我国医疗资源配置来看，东西部之间、省市之间以及城乡之间的患者群体对医疗服务的可获得性有较为显著的差异，这就需要政府站在宏观医疗市场的角度，统筹配置全国的医疗资源，构建全民统一的医疗保障体系，从而保障包括弱势群体在内的所有国民平等地享受医疗服务的权利。值得注意的是，所构建的全民统一的医疗保障体系是从结果公平的角度出发的，这使得低收入人群也能够得到"最基本"的医疗服务，而至于数字孪生医疗服务的普及，则仍需要政府、社会、企业、医院和个人等多方面的协同努力。

主要参考文献

第 一 章

[1] 中国仿真学会．建模与仿真技术词典［M］．北京：科学出版社，2018.

[2] 陈根．数字孪生［M］．北京：电子工业出版社，2020.

[3] 赵敏，宁振波．铸魂：软件定义制造［M］．北京：机械工业出版社，2020.

[4] 方志刚，复杂装备系统数字孪生：赋能基于模型的正向研发和协同创新［M］．北京：机械工业出版社，2021.

[5] 陆剑锋，张浩，赵荣泳．数字孪生技术与工程实践：模型+数据驱动的智能系统［M］．北京：机械工业出版社，2022.

[6] 胡小安．虚拟技术与主客体认识关系的丰富［J］．科学技术与辩证法，2005（1）：83-86+97.

[7] 陶迎春．技术中的知识问题：技术黑箱［J］．科协论坛（下半月），2008（7）：54-55.

[8] 陶飞，刘蔚然，刘检华，等．数字孪生及其应用探索［J］计算机集成制造系统，2018，24（1）：1-18.

[9] 陶飞，刘蔚然，张萌，等．数字孪生五维模型及十大领域应用［J］．计算机集成制造系统，2019，25（1）：1-18.

[10] 范小雨，郑旭东，郑浩．智能实训教学何以可能：基于数字孪生技术的分析［J］．职教通讯，2020（12）：26-31.

[11] 郑浩，王娟，王书瑶，等．认知数字孪生体教育应用：内涵、困境与

对策 [J]．现代远距离教育，2021（1）：13-23.

［12］陶飞，张贺，戚庆林，等．数字孪生模型构建理论及应用 [J]．计算机集成制造统，2021，27（1）：1-15.

［13］张霖，陆涵．从建模仿真看数字孪生 [J]．系统仿真学报，2021，33（5）：995-1007.

［14］艾兴，张玉．从数字画像到数字孪生体：数智融合驱动下数字孪生学习者构建新探 [J]．远程教育杂志，2021，39（1）：41-50.

［15］刘青，刘滨，张宸．数字孪生的新边界：面向多感知的模型构建方法 [J]．河北科技大学学报，2021，42（2）：180-194.

［16］李海峰，王炜．面向高阶思维能力培养的数字孪生智慧教学模式 [J]．现代远距离教育，2022（4）：51-61.

［17］陶飞，张辰源，张贺，等．未来装备探索：数字孪生装备 [J]．计算机集成制造系统，2022，28（1）：1-16.

［18］陶飞，张辰源，戚庆林，等．数字孪生成熟度模型 [J]．计算机集成制造系统，2022，28（5）：1267-1281.

［19］安世亚太数字孪生体实验室．数字孪生体技术白皮书（2019）[EB/OL]．https：//www. sohu. com/a/428812355_654086. [2020-11-01] [2023-3-18].

［20］中国电子技术标准化研究院．数字孪生应用白皮书2020版 [EB/OL]．http：//www. cesi. cn/images/editor/20201118/20201118163619 265. pdf.

［21］GRIEVES M. PLM—beyond lean manufacturing [J]．Manufacturing engineering，2003，130（3）：23-25.

［22］GRIEVES M. Product lifecycle management：the new paradigm for enterprises [J]．International journal of product development，2005，2（1-2）：71-84.

［23］CERRONE A，HOCHHALTER J，HEBER G，et al. On the effects of

modeling as-manufactured geometry：Toward digital twin ［J］.
International journal of aerospace engineering，2014，2014：1-10.

［24］GRIEVES M. Digital twin manufacturing excellence through virtual factory
replication ［R］. 2014.

［25］GLAESSGEN E，STARGEL D. The digital twin paradigm for future NASA
and U. S. Air Force vehicles ［C］//Proceedings of the 53rd Structures
Dynamics and Materials Conference. Special Session on the Digital
Twin. Reston：AIAA，2012：1-14.

［26］BAROCAS S，ROSENBLAT A，BOYD D，et al. Data & civil rights：
technology primer ［C］//Data & Civil Rights Conference，October. 2014.

第 二 章

［1］斯宾诺莎. 伦理学 ［M］. 贺麟，译. 北京：商务印书馆，1983.

［2］王海明. 伦理学原理 ［M］. 北京：北京大学出版社，2001.

［3］摩尔. 伦理学原理 ［M］. 陈德中，译. 上海：上海人民出版社，2003.

［4］王前. 中国科技伦理史纲 ［M］. 北京：人民出版社，2006.

［5］约纳斯. 技术、医学与伦理学：责任原理的实践 ［M］. 张荣，译.
上海：上海译文出版社，2008.

［6］陈根. 数字孪生 ［M］. 北京：电子工业出版社，2020.

［7］朱文海，郭丽琴. 智能制造系统中的建模与仿真：系统工程与仿真工
程的融合 ［M］. 北京：清华大学出版社，2021.

［8］刘震. 数智化革命：价值驱动的产业数字化转型 ［M］. 北京：机械
工业出版社，2022.

［9］刘大椿，段伟文. 科技时代伦理问题的新向度 ［J］. 新视野，2000
（1）：34-38.

［10］陈志良．虚拟：人类中介系统的革命［J］．中国人民大学学报，2000（4）：57-63.

［11］张小飞．现代科技伦理问题表现及特征的哲学探究［J］．天府新论，2004（6）：33-36.

［12］李田田．人的现实生存和虚拟生存［J］．山东教育学院学报，2009，24（2）：76-78.

［13］胡小安，郑圭斌．"虚拟"的哲学内涵探析［J］．科学技术哲学研究，2009，26（4）：51-56.

［14］彭虹，肖尧中．演化的力量：数字化语境中的虚拟实在［J］．四川大学学报（哲学社会科学版），2011（1）：85-91.

［15］李真真，缪航．STS 的兴起及研究进展［J］．科学与社会，2011，1（1）：60-79.

［16］郭楠，贾超．《信息物理系统白皮书（2017）》解读（上）［J］．信息技术与标准化，2017（4）：36-40.

［17］于雪，凌昀，李伦．新兴科技伦理治理的问题及其对策［J］．科学与社会，2021，11（4）：51-65.

［18］陶飞，张贺，戚庆林，等．数字孪生十问：分析与思考［J］．计算机集成制造系统，2020（1）：1-17.

［19］于金龙，张婉颉．数字孪生的哲学审视［J］．北京航空航天大学学报（社会科学版），2021，34（4）：107-114.

［20］葛海涛，安虹璇．中国科技伦理治理体系建设进展［J］．科技导报，2022，40（18）：21-30.

［21］中国科协．科技伦理的底线不容突破［N］．科技日报，2019-07-26（1）.

［22］GRIEVES M，VICKER J. Digital twin: mitigating unpredictable, undesirable emergent behavior in complex systems［M］．Berlin: Springer，2017.

［23］GRIEVES M. PLM—beyond lean manufacturing ［J］. Manufacturing engineering, 2003, 130（3）: 23-25.

［24］TUEGEL E J, INGRAFFEA A R, EASON T G, et al. Reengineering aircraft structural life prediction using a digital twin ［J］. International journal of aerospace engineering, 2011.

［25］GLAESSGEN E, STARGEL D. The digital twin paradigm for future NASA and U. S. Air Force vehicles ［C］.//Proceedings of the 53rd Structures Dynamics and Materials Conference. Special Session on the Digital Twin. Reston: AIAA, 2012: 1-14.

第 三 章

［1］艾什比. 控制论导论 ［M］. 张理京, 译. 北京: 科学出版社, 1965.

［2］弗洛里迪. 第四次革命: 人工智能如何重塑人类现实 ［M］. 王文革, 译. 杭州: 浙江人民出版社, 2016.

［3］陶迎春. 技术中的知识问题: 技术黑箱 ［J］. 科协论坛 (下半月), 2008 (7): 54-55.

［4］张淑玲. 破解黑箱: 智媒时代的算法权力规制与透明实现机制 ［J］. 中国出版, 2018 (7): 49-53.

［5］仇筠茜, 陈昌凤. 基于人工智能与算法新闻透明度的 "黑箱" 打开方式选择 ［J］. 郑州大学学报 (哲学社会科学版), 2018, 51 (5): 84-88.

［6］陶飞, 刘蔚然, 张萌, 等. 数字孪生五维模型及十大领域应用 ［J］. 计算机集成制造系统, 2019, 25 (1): 1-18.

［7］姜野, 李拥军. 破解算法黑箱: 算法解释权的功能证成与适用路径: 以社会信用体系建设为场景 ［J］. 福建师范大学学报 (哲学社会科学版), 2019 (4): 84-92.

[8] 陶飞，张贺，戚庆林，等．数字孪生十问：分析与思考［J］．计算机集成制造系统，2020（1）：1-17.

[9] 丁晓东．论算法的法律规制［J］．中国社会科学，2020（12）：138-159.

[10] 谭九生，范晓韵．算法"黑箱"的成因、风险及其治理［J］．湖南科技大学学报（社会科学版），2020，23（6）：92-99.

[11] 许可，朱悦．算法解释权：科技与法律的双重视角［J］．苏州大学学报（哲学社会科学版），2020，41（2）：61-69.

[12] 肖峰．人工智能与认识论新问题［J］．西北师大学报（社会科学版），2020，57（5）：37-45.

[13] 袁康．可信算法的法律规制［J］．东方法学，2021（03）：5-21.

[14] 衣俊霖．数字孪生时代的法律与问责：通过技术标准透视算法黑箱［J］．东方法学，2021，（4）：77-92.

[15] 汪德飞．算法伦理争论的六重维度及其走向［J］．科学技术哲学研究，2021，38（4）：59-65.

[16] 闫宏秀．数据赋能的伦理基质［J］．社会科学，2022（1）：136-142.

[17] GLAESSGEN E, STARGEL D. The digital twin paradigm for future NASA and U. S. Air Force vehicles ［C］//Proceedings of the 53rd Structures Dynamics and Materials Conference. Special Session on the Digital Twin. Reston：AIAA, 2012：1-14.

[18] BOTTOU L. From machine learning to machine reasoning：an essay ［J］. Machine learning, 2014（2）：133.

[19] BURRELL J. How the machine "thinks"：understanding opacity in machine learning algorithms ［J］. Big data & society, 2016（1）：2.

[20] FLORIDI L. Infraethics—on the conditions of possibility of morality ［J］. Philosophy & technology, 2017, 30（4）：392.

［21］PRAVEENA M, JAIGANESH V. A literature review on supervised machine learning algorithms and boosting process ［J］. International journal of computer applications, 2017 (8): 32.

［22］USAMA M, QADIR J, RAZA A, et al. Unsupervised machine learning for networking: techniques, applications and research challenges ［J］. IEEE Access, 2019, 7: 65580.

［23］LI Y, DU X Y, XU Y H. Research and analysis of machine learning algorithm in artificial intelligence ［J］. Artificial intelligence advances, 2020 (2): 89.

［24］VON ESCHENBACH W J. Transparency and the black box problem: why we do not trust AI ［J］. Philosophy & technology, 2021 (4): 1607−1622.

第 四 章

［1］马尔库塞. 单向度的人: 发达工业社会意识形态研究 ［M］. 张峰, 吕世平, 译. 重庆: 重庆出版社, 1988.

［2］海德格尔. 海德格尔选集: 下卷 ［M］. 孙周兴, 译. 上海: 上海三联书店, 1996.

［3］福柯. 权力的眼睛: 福柯访谈录 ［M］. 严锋, 译. 上海: 上海人民出版社, 1997.

［4］哈贝马斯. 作为 "意识形态" 的技术与科学 ［M］. 李黎, 郭官义, 译. 上海: 学林出版社, 1999.

［5］盖伦. 技术时代的人类心灵: 工业社会的社会心理问题 ［M］. 何兆武, 何冰, 译. 上海: 上海科技教育出版社, 2003.

［6］芬伯格. 技术批判理论 ［M］. 韩连庆, 曹观法, 译. 北京: 北京大学出版社, 2005.

［7］库克里克．微粒社会：数字化时代的社会模式［M］．黄昆，夏柯，译．北京：中信出版社，2017.

［8］福柯．规训与惩罚：监狱的诞生：修订译本［M］．刘北成，杨远婴，译．5版．北京：生活·读书·新知三联书店，2019.

［9］韩炳哲．在群中：数字媒体时代的大众心理学［M］．程巍，译．北京：中信出版社，2019.

［10］金元浦．论文学的主体间性［J］．天津社会科学，1997（5）：85-90.

［11］张之沧．论福柯的"规训与惩罚"［J］．江苏社会科学，2004（4）：25-30.

［12］钱宁．"共同善"与分配正义论：社群主义的社会福利思想及其对社会政策研究的启示［J］．学海，2006（6）：36-41.

［13］吴莹，卢雨霞，陈家建，等．跟随行动者重组社会：读拉图尔的《重组社会：行动者网络理论》［J］．社会学研究，2008（2）：218-234.

［14］朱剑峰．从"行动者网络理论"谈技术与社会的关系："问题奶粉"事件辨析［J］．自然辩证法研究，2009，25（1）：37-41.

［15］李彪，杜显涵．反向驯化：社交媒体使用与依赖对拖延行为影响机制研究：以北京地区高校大学生为例［J］．国际新闻界，2016，38（3）：20-33.

［16］郑戈．算法的法律与法律的算法［J］．中国法律评论，2018（2）：66-85.

［17］段伟文．面向人工智能时代的伦理策略［J］．当代美国评论，2019，3（1）：24-38.

［18］COLLINGRIDGE D. The social control of technology［M］. New York：St. Martin's Press，1981.

第 五 章

[1] 马尔库塞．单向度的人：发达工业社会意识形态研究 [M]．张峰，吕世平，译．重庆：重庆出版社，1988.

[2] 贝尔．资本主义文化矛盾 [M]．赵一凡，蒲隆，任晓晋，译．北京：生活·读书·新知三联书店，1989.

[3] 罗素．伦理学和政治学中的人类社会 [M]．肖巍，译．北京：中国社会科学出版社，1992.

[4] 海德格尔．人，诗意地安居：海德格尔语要 [M]．郜元宝，译．上海：上海远东出版社，1995.

[5] 哈贝马斯．重建历史唯物主义 [M]．郭官义，译．北京：社会科学文献出版社，2000.

[6] 赵迎欢．高技术伦理学 [M]．沈阳：东北大学出版社，2005.

[7] 约纳斯．技术、医学与伦理学：责任原理的实践 [M]．张荣，译．上海：上海译文出版社，2008.

[8] 芒福德．技术与文明 [M]．陈允明，王克人，李华山，译．北京：中国建筑工业出版社，2009.

[9] 安德斯．过时的人：论第二次工业革命时期人的灵魂 [M]．范捷平，译．上海：上海译文出版社，2010.

[10] 陈彬．科技伦理问题研究：一种论域划界的多维审视 [M]．北京：中国社会科学出版社，2014.

[11] 斯蒂格勒．技术与时间：第一卷 [M]．裴程，译．南京：译林出版社，2019.

[12] 刁生虎，刁生富．传统伦理思想与现代网络道德建设 [J]．淮阴师范学院学报（哲学社会科学版），2006（2）：210-214.

[13] 邱仁宗，黄雯，翟晓梅．大数据技术的伦理问题 [J]．科学与社会，2014（1）：36-48.

［14］王巍，刘永生，廖军，等．数字孪生关键技术及体系架构［J］．邮电设计技术，2021（8）：10-14.

［15］闫坤如．人工智能设计的道德意蕴探析［J］．云南社会科学，2021（5）：28-35.

［16］曹玉涛．技术正义：技术时代的社会正义［N］．中国社会科学报，2012-12-19（B02）

第 六 章

［1］雅斯贝斯．历史的起源与目标［M］．魏楚雄，俞新天，译．北京：华夏出版社，1989.

［2］海德格尔．人，诗意地安居：海德格尔语要［M］．郜元宝，译．上海：上海远东出版社，1995.

［3］尼葛洛庞帝．数字化生存［M］．胡泳，范海燕，译．海口：海南出版社，1997.

［4］亚里士多德．尼各马可伦理学［M］．廖申白，译．北京：商务印书馆．2003.

［5］约纳斯．技术、医学与伦理学：责任原理的实践［M］．张荣，译．上海：上海译文出版社，2008.

［6］莫斯，涂尔干，于贝尔．论技术、技艺与文明［M］．蒙养山人，译．北京：世界图书出版公司北京公司，2010.

［7］刘庆振，王凌峰，张晨霞．智能红利：即将到来的后工作时代［M］．北京：电子工业出版社，2017.

［8］穆勒．论自由［M］．孟凡礼，译．上海：上海三联书店，2019.

［9］萨普特．被算法操控的生活［M］．易文波，译．长沙：湖南科学技术出版社，2020.

［10］甘绍平．自由伦理学［M］．贵阳：贵州大学出版社，2020.

［11］吕耀怀.道德建设：从制度伦理、伦理制度到德性伦理［J］.学习与探索，2000（1）：63-69.

［12］高兆明."数据主义"的人文批判［J］.江苏社会科学，2018（4）：162-170.

［13］孙玮.交流者的身体：传播与在场：意识主体、身体-主体、智能主体的演变［J］.国际新闻界，2018，40（12）：83-103.

［14］赵汀阳.人工智能"革命"的"近忧"和"远虑"：一种伦理学和存在论的分析［J］.哲学动态，2018（4）：5-12.

［15］吴静.算法为王：大数据时代"看不见的手"［J］.华中科技大学学报（社会科学版），2020，34（2）：7-12.

［16］涂良川，钱燕茹.人工智能奇点论的技术叙事及其哲学追问［J］.东北师大学报（哲学社会科学版），2022（6）：57-65.

［17］孟飞，郭厚宏.数据资本价值运动过程的政治经济学批判［J］.中国矿业大学学报（社会科学版），2022，24（3）：57-70.

第 七 章

［1］波斯特.信息方式：后结构主义与社会语境［M］.范静哗，译.北京：商务印书馆，2000.

［2］张新宝.隐私权的法律保护［M］.2版.北京：群众出版社，2004.

［3］马尔库塞.单向度的人：发达工业社会意识形态研究［M］.刘继，译.上海：上海译文出版社，2008.

［4］张志伟.西方哲学史［M］.2版.北京：中国人民大学出版社.2010.

［5］福柯.规训与惩罚：监狱的诞生：修订译本［M］.刘北成，杨远婴，译.5版.上海：上海三联书店.2012.

［6］休谟.人性论［M］.贾广来，译.合肥：安徽人民出版社，2012.

［7］迈尔-舍恩伯格.删除：大数据取舍之道［M］.袁杰，译.杭州：浙

江人民出版社，2013.

［8］福柯．自我技术：福柯文选Ⅲ［M］．汪民安，译．北京：北京大学
　　　出版社，2015.

［9］赫拉利．未来简史：从智人到智神［M］．林俊宏，译．北京：中信
　　　出版社．2017.

［10］蔡斯．人工智能革命：超级智能时代的人类命运［M］．张尧然，
　　　译．北京：机械工业出版社，2017.

［11］韩炳哲．透明社会［M］．吴琼，译．北京：中信出版社，2019.

［12］马兹比尔格．意会：算法时代的人文力量［M］．谢名一，姚述，
　　　译．北京：中信出版社，2020.

［13］孙丽，孙大为．马尔库塞的"单向度人"［J］．广西社会科学，2008
　　　（6）：49-52.

［14］夏燕．"被遗忘权"之争：基于欧盟个人数据保护立法改革的考察
　　　［J］．北京理工大学学报（社会科学版），2015，17（2）：129-135.

［15］卞桂平．略论"伦理能力"：意涵、问题与培育［J］．河南师范大学
　　　学报（哲学社会科学版），2016，43（1）：109-114.

［16］陶飞，刘蔚然，刘检华．数字孪生及其应用探索［J］．计算机集成
　　　制造系统，2018，24（1）：1-18.

［17］蓝江．一般数据、虚体、数字资本：数字资本主义的三重逻辑［J］．
　　　哲学研究，2018（3）：26-33.

［18］何怀宏．人物、人际与人机关系：从伦理角度看人工智能［J］．探
　　　索与争鸣，2018（7）：27-34.

［19］韩水法．人工智能时代的人文主义［J］．中国社会科学，2019（6）：
　　　25-44.

［20］孙伟平．人工智能与人的"新异化"［J］．中国社会科学，2020
　　　（12）：119-137.

［21］闫坤如．数据主义的哲学反思［J］．马克思主义与现实，2021（4）：

188-193.

[22] NEGRI A, HARDT M. Empire ［M］. Cambridge：Harvard University Press，2000.

[23] PECK J, PHILLIPS R. The platform conjuncture ［J］. Sociologica，2020，14（3）：73-99.

第 八 章

[1] 米德. 文化与承诺：一项有关代沟问题的研究 ［M］. 周晓虹，周怡，译. 石家庄：河北人民出版社，1987.

[2] 米切姆. 技术哲学概论 ［M］. 殷登详，曹南燕，译. 天津：天津科学技术出版社，1999.

[3] 张新宝. 隐私权的法律保护 ［M］. 2 版. 北京：群众出版社，2004.

[4] 葛红兵，宋耕. 身体政治 ［M］. 上海：上海三联书店，2005.

[5] 希林. 身体与社会理论 ［M］. 李康，译. 北京：北京大学出版社，2010.

[6] 哈维. 资本的空间 ［M］. 王志弘，王玥民，译. 台北：群学出版社，2010.

[7] 希林. 文化、技术与社会中的身体 ［M］. 李康，译. 北京：北京大学出版社，2011.

[8] 霍文，维克特. 信息技术与道德哲学 ［M］. 赵迎欢，宋吉鑫，张勤，译. 北京：科学出版社，2014.

[9] 杨庆峰. 翱翔的信天翁：唐·伊德技术现象学研究 ［M］. 北京：中国社会科学出版社，2015.

[10] 福山. 我们的后人类未来：生物技术革命的后果 ［M］. 黄立志，译. 桂林：广西师范大学出版社，2017.

[11] 赫拉利. 未来简史：从智人到智神 ［M］. 林俊宏，译. 北京：中信

出版社, 2017.

[12] 韩炳哲. 透明社会 [M]. 吴琼, 译. 北京：中信出版社, 2018.

[13] 陶飞, 刘蔚然, 张萌, 等. 数字孪生五维模型及十大领域应用 [J]. 计算机集成制造系统, 2019, 25 (1)：1-18.

[14] 李河. 从"代理"到"替代"的技术与正在"过时"的人类？ [J]. 中国社会科学, 2020 (10)：116-140.

[15] 徐瑞萍, 吴选红, 刁生富. 从冲突到和谐：智能新文化环境中人机关系的伦理重构 [J]. 自然辩证法通讯, 2021, 43 (4)：16-26.

[16] 王金柱, 张旭. 关于"隐私"本质的活动论探析 [J]. 哲学分析, 2021, 12 (6)：113-124.

[17] 成素梅. 建立"关于人类未来的伦理学" [J]. 哲学动态, 2022 (1)：46-49.

[18] 彭兰. "数据化生存"：被量化、外化的人与人生 [J]. 苏州大学学报（哲学社会科学版）, 2022, 43 (2)：154-163.

[19] 刁宏宇, 吴选红. 孪生人的人学价值：数字孪生与人的延伸 [J]. 佛山科学技术学院学报（社会科学版）, 2022, 40 (3)：65-73.

[20] 徐瑞萍, 吴选红. 低成本认识世界的技术实现：数字孪生的认识论探讨 [J]. 学术研究, 2022 (7)：29-35.

[21] HAYLES N K. How we became posthuman：virtual bodies in cybernetics, literature, and informatics [M]. Chicago：The University of Chicago Press, 1999.

[22] NANCY J-L. Identity [M]. trans. RAFFOULF. New York：Fordham University Press, 2015.

[23] KOOPMAN C. How we become our data：a genealogy of the informational person [M]. Chicago：The University of Chicago Press, 2019.

[24] BENDLE M F. Teleportation, cyborgs and the posthuman ideology [J]. Social semiotics, 2002, 12 (1)：45-62.

［25］VAN DE POEL I, VERBEEK P-P. Ethics and engineering design ［J］. Science technology and human values, 2006, 31（3）: 223-236.

［26］BARRICELLI B R, CASIRAGHI E, GLIOZZO J, et al. Human digital twin for fitness management ［J］. IEEE Access, 2020, 8（1）: 1-28.

第 九 章

［1］马斯洛. 人的潜能和价值: 人本主义心理学译文集 ［M］. 林方, 译. 北京: 华夏出版社, 1987.

［2］马尔库塞. 单向度的人: 发达工业社会意识形态研究 ［M］. 张峰, 吕世平, 译. 重庆: 重庆出版社, 1988.

［3］中共中央马克思恩格斯列宁斯大林著作编译局. 马克思恩格斯选集: 第一卷 ［M］. 2版. 北京: 人民出版社, 1995.

［4］许国志. 系统科学 ［M］. 上海: 上海科技教育出版社, 2000.

［5］康德. 纯粹理性批判 ［M］. 邓晓芒, 译. 北京: 人民出版社, 2004.

［6］迈尔-舍恩伯格, 库克耶. 大数据时代 ［M］. 盛杨燕, 周涛, 译. 杭州: 浙江人民出版社, 2013.

［7］尼葛洛庞帝. 数字化生存 ［M］. 胡泳, 范海燕, 译. 北京: 电子工业出版社, 2017.

［8］吕耀怀. 道德感染的特性与功能 ［J］. 哲学动态, 1991（6）: 23-24.

［9］王国豫. 德国技术哲学的伦理转向 ［J］. 哲学研究, 2005（5）: 94-100.

［10］庄存波, 刘检华, 熊辉, 等. 产品数字孪生体的内涵、体系结构及其发展趋势 ［J］. 计算机集成制造系统, 2017, 23（4）: 753-768.

［11］陶飞, 张贺, 戚庆林, 等. 数字孪生十问: 分析与思考 ［J］. 计算机集成制造系统, 2020, 26（1）: 1-17.

［12］顾昕, 赵琦. 公共部门创新中政府的元治理职能: 一个理论分析框架

［J］. 学术月刊, 2023, 55（1）：69-80.

［13］FROMN E. The revolution of hope：towards a humanised technology ［M］. New York：Harper & Row, 1968.

［14］WANG F Y. The emergence of intelligent enterprises：from CPS to CPSS ［J］. IEEE intelligent systems, 2010, 25（4）：85-88.

［15］YANG L Y, CHEN S Y, WANG X, et al. Digital twins and parallel systems：state of the art, comparison and prospect ［J］. Acta automatica sinica, 2019, 45（11）：2001-2031.

第 十 章

［1］黄欣荣. 大数据技术的伦理反思 ［J］. 新疆师范大学学报（哲学社会科学版）, 2015, 36（3）：46-53.

［2］于雪, 王前. "机器伦理"思想的价值与局限性 ［J］. 伦理学研究, 2016（4）：109-114.

［3］岳瑨. 大数据技术的道德意义与伦理挑战 ［J］. 马克思主义与现实, 2016（5）：91-96.

［4］刁生富, 姚志颖. 论大数据思维的局限性及其超越 ［J］. 自然辩证法究, 2017, 33（5）：87-91.

［5］张淑玲. 破解黑箱：智媒时代的算法权力规制与透明实现机制 ［J］. 中国出版, 2018（7）：49-53.

［6］陶飞, 刘蔚然, 张萌, 等. 数字孪生五维模型及十大领域应用 ［J］. 计算机集成制造系统, 2019, 25（1）：1-18.

［7］卢雨生. 论大数据背景下科学发展的第四范式 ［J］. 现代交际, 2020（13）：244-245.

［8］胡天亮, 连宪辉, 马德东, 等. 数字孪生诊疗系统的研究 ［J］. 生物医学工程研究, 2021, 40（1）：1-7.

［9］刁生富, 李思琦. 数字孪生算法黑箱的生成机制与治理创新［J］. 山东科技大学学报（社会科学版）, 2022, 24（6）: 25-33.

［10］晏珑文. 医患关系中个人自主的局限与突围: 关怀伦理对医疗决策的启示［J］. 医学与哲学, 2022, 43（20）: 41-45.

［11］李林, 叶嵩, 熊建, 等. 基于数字孪生的医疗建筑数字化运维建设［C］//2022 年全国工程建设行业施工技术交流会论文集: 中册, 2022: 564-568.

［12］LATOUR B. The pasteurization of Frence［M］. USA: Havard University Press, 1988.

［13］GLAESSGEN E, STARGEL D. The digital twin paradigm for future NASA and U. S. Air Force vehicles［C］//Proceedings of the 53rd Structures Dynamics and Materials Conference. Special Session on the Digital Twin. Reston: AIAA, 2012: 1-14.

［14］NAPLEKOV I, ZHELEZNIKOV I, PASHCHENKO D, et al. Methods of computational modeling of coronary heart vessels for its digital twin［J］. MATEC web of conferences, 2018, 172: 01009.

［15］BRUYNSEELS K, SANTONI DE SIO F, VAN dEN HOVEN J. Digital twins in health care: ethical implications of an emerging engineering paradigm［J］. Frontiers in genetics, 2018, 9（13）: 1-10.

［16］LI L, LIN G, FANG D, et al. Cyber resilience in healthcare digital twin on lung cancer［J］. IEEE Access, 2020, 8: 201900-201913.

［17］CORRAL-ACERO J, MARGARA F, MARCINIAK M, et al. The "digital twin" to enable the vision of precision cardiology［J］. European heart journal, 2020, 41（48）: 4556-4564.

［18］CROATTI A, GABELLINI M, MONTAGNA S, et al. On the integration of agents and digital twins in healthcare［J］. Journal of medical systems, 2020, 44（161）: 1-8.

［19］MARTINEZ-VELAZQUEZ R，GAMEZ R，SADDIK A E. Cardio twin：a digital twin of the human heart running on the edge ［C］//2019 IEEE International Symposium on Medical Measurements and Applications. New York：IEEE，2019：1-6.